海について、あるいは巨大サメを追った一年

ニシオンデンザメに魅せられて

モルテン・ストロークスネス
岩崎　晋也〔訳〕

化学同人

お前は海のわき出るところまで行き着き、
深淵の底を行き巡ったことがあるか。
——「ヨブ記」三八章一六節

◉目次

夏 1
秋 89
冬 159
春 215

謝辞 303
訳者あとがき 305
原注 320

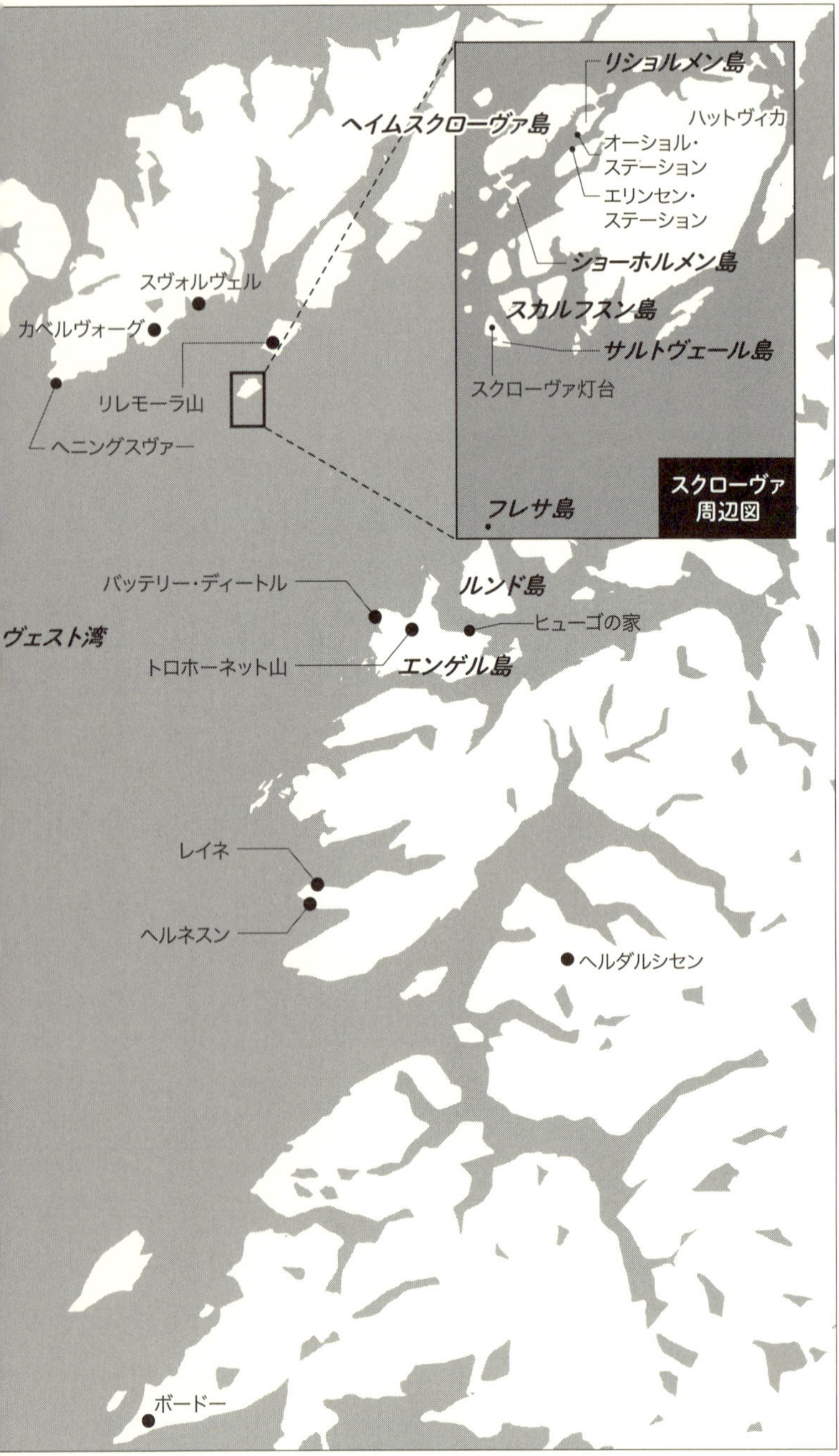

リショルメン島
ハットヴィカ
ヘイムスクローヴァ島
オーショル・
ステーション
エリンセン・
ステーション
ショーホルメン島
スカルフスン島
サルトヴェール島
スクローヴァ灯台
スヴォルヴェル
カベルヴォーグ
リレモーラ山
ヘニングスヴァー
スクローヴァ
周辺図
フレサ島
バッテリー・ディートル
ルンド島
ヴェスト湾
ヒューゴの家
トロホーネット山
エンゲル島
レイネ
ヘルネスン
ヘルダルシセン
ボードー

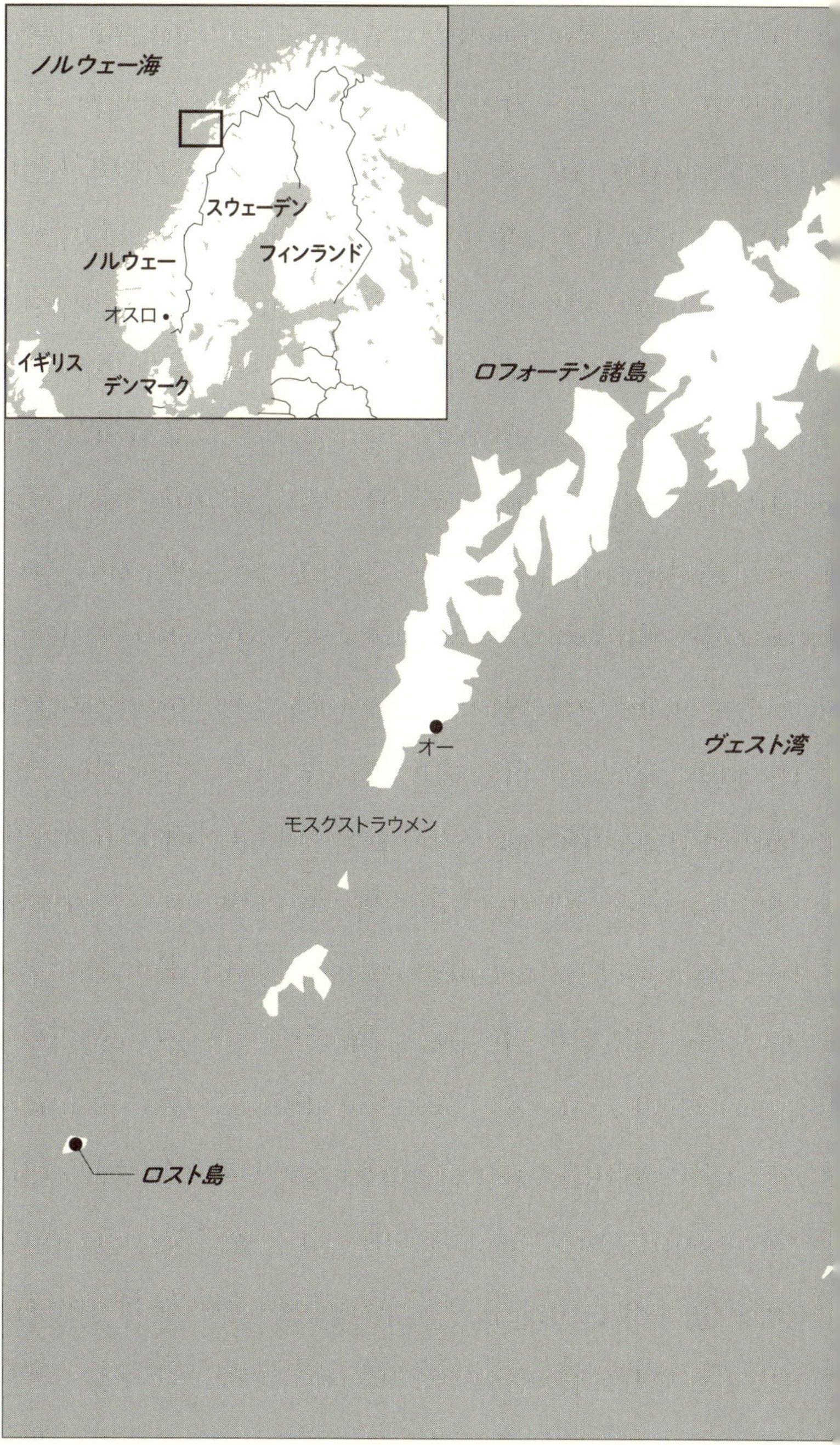
ノルウェー海
スウェーデン
ノルウェー
フィンランド
オスロ
イギリス
デンマーク
ロフォーテン諸島
オー
ヴェスト湾
モスクストラウメン
ロスト島

夏

Summer

I

三五億年。それが、海のなかで最初の原始的な生命が生まれてから、ヒューゴ・オーショルが七月のある土曜の晩にわたしに電話をかけてくるまでにかかった時間だ。

「来週の天気予報はもう見たか?」と、ヒューゴは訊いた。

ある予報が出るのを、われわれはずっと待っていた。それは晴天でもなければ、気温や降水量に関する条件でもない。ボードーとロフォーテン諸島のあいだの海、つまり〝西のフィヨルド〟を意味するヴェスト湾《フィヨルド》がほぼ無風状態になることだった。穏やかなヴェスト湾を望むなら、焦ってはいけない。その荒々しい海は気まぐれなことで知られている。西や南、あるいは北から少し風が吹いただけで波が高まることもある。

何週間か天気予報をチェックしていたが、風力〔訳注：ビューフォート風力階級による〕はたいてい六から九くらいだった。必要なのは風力三以下の穏やかな海なのだが、そんなことはなかなかない。やがてわたしはあまり天気予報を見なくなり、昼は暑く、夜も明るい夏のオスロで気だるい日々を過ごしていた。

ディナーパーティで楽しく騒いでいると、電話が鳴った。大事な用事のときしかかけてこない電話嫌いのヒューゴからだった。それで、もう待つのは終わりだとわかった。ついに獲物を捕まえにいくときがきた。
「明日飛行機のチケットを買って、ボードーには月曜の午後に着く」とわたしは言った。
「ああ。じゃあな」

ボードーへ向かう機内で、わたしは眼下の土地をずっと見ていた。楕円の窓の向こうに広がる山、森、平原。すべて、かつて海底だった部分が隆起したものだ。数十億年前には、地球は全体が水に覆われ、おそらく小さな島がところどころに浮かんでいるだけだった。現在でも、地球の表面のおよそ七〇パーセントは海洋だ。たびたび言われるように、この惑星は大地《アース》より、むしろ大洋《オーシャン》と呼ぶべきなのかもしれない。

ヘルゲラン地方に入ると、ノルウェーの壮大なフィヨルドが内陸に入りこみ、西には海が広がって、その先で空とひとつになり、水平線が鳥の羽のように灰色に輝いている。

オスロから北部へ向かうときはいつも、逃亡者の気分になる。陸と、そこでの忙しい暮らし、トウヒや川、淡水湖、そしてよどんだ湿地帯から。ではさらば、わたしは自由で果てしない海に出る。古い舟歌に乗って世界中の海を渡り、由緒ある港を巡る。マルセイユ、リヴァプール、シンガポール、モンテビデオ。綱を引き、帆を張り、調整し、絞る甲板員たち。

陸《おか》に上がった船乗りは落ち着きのない滞在者のようだ。たぶんもう海にもどることはないのに、陸地にはしばらくとどまっているだけというように話し、ふるまう。水への憧れはなくならない。だが彼らを呼ぶ海は、曖昧で思わせぶりな答えを返すばかりだ。

わたしの曾曾祖父がスウェーデンの内陸部から西へ向かって歩きはじめたときも、海の謎めいた魅力に惹《ひ》かれていたにちがいない。谷を渡り、山を越え、大きな川に沿って、はじめはサケのように流れに逆らって、それから流れに従って進み、ついに海へと到達した。

自分の目でどうしても海が見たかったから、というのがその唯一の理由だった。故郷に帰るつもりはなかっただろう。スウェーデンの痩せた山村に縛られて残りの人生を生きていくことに耐えられなかったのかもしれない。衝動的で、強靱《きょうじん》な足腰を持った夢想家だったことは間違いない。ノルウェーの海岸まで歩いてたどり着いて家族を持ち、貨物船の乗組員になった。数年後、運命だったのだろう、船は太平洋で沈没した。乗組員はみな溺れ死んだ。まるで海の底からきて、またそこへもどっていったかのようだ。そこが本来の居場所だと、自分でも知っていたのかもしれない。わたしはそう思っている。

アルチュール・ランボーの詩を生んだのも海だった。海が彼の豊かな言葉に着想を与え、一八七一年の「酔っぱらった船」は現代詩の先駆けとなった。語り手は古い貨物船だ。海の自由を求めて向こう見ずに大河を突き進み、ついに岸辺から広い海に出るのだが、嵐に遭い、海の底に沈む。そこで、それは大海とひとつになる〔訳注：以下、「酔っぱらった船」の引用部は宇佐見斉訳、筑摩書房版に拠り、そのほか本書全体に登場する、この作品に触発された表現の翻訳にあたっても適宜参考にした〕。

そしてその時から　私は身を浸したのだ　星を注がれ
乳色に輝いて　蒼空を貪り喰っている海の詩のなかに
そこでは時折　色蒼ざめて恍惚とした浮遊物
物思わしげな水死人が　下ってゆくのだった(1)

飛行機のなかで、さらに「酔っぱらった船」の記憶をたどる。たしか大波がヒステリーの牛の群れのように岩礁に襲いかかったはずだ。そして海底では藻に絡まって腐った怪獣レヴィアタンが酔っぱらった船を引き寄せ、触手で包みこんだ。渦巻きの暗い深淵のはるか上で交わされるマッコウクジラの求愛の声。フナムシや不気味なヘビ、歌う黄金の魚、電光を発する月、黒い海馬ヒッポカムポスが集まった、酔いどれの難破船。誰もが見たような気になっているが、本当は見たことのないものども。

船はその光景に打ちのめされ、海の恐るべき自由の力を、絶え間なく押しよせる波としぶきを、そしてそれがやがて気だるく、無感覚に静まっていくのを経験する。そのとき船は、子供時代の暗く静かな水たまりを懐かしみはじめる。

この詩を書いたとき、ランボーは一六歳で、まだ海を見たことがなかった。

2

ヒューゴ・オーショルはスタイゲン基礎自治体のエンゲル島に住んでいる。ボードーからは北行きのフェリーに乗って島々を超えていく。岩だらけの海岸にフジツボのように張りつき、長く風雪に耐えてきた小さな集落を通りすぎる。およそ二時間後に、フェリーはエンゲル島への橋があるボゴイという小さな村の港に着く。

エンゲル島はノルウェーの縮図だ。大陸側は典型的なノルウェーのフィヨルドで、海側には半島があり、砂浜は白い。島の南端から海沿いの土地は肥沃な農地だ。その先には帯状に森があり、ヘラジカなどの野生動物が棲《す》んでいる。谷と山もある。最高峰は標高六四五メートルのトロホーネット山だ。人間がここに六〇〇〇年近くも住んできたのにはそれなりの理由がある。バイクで二、三時間もあれば簡単に一周できるこの島は、釣りにも狩りにも、農業にも適している。

ヒューゴはいい知らせをもって埠頭に立っている。餌が確保できたらしい。一頭のハイランド種の牛が、ちょうど数日前に屠殺《とさつ》された。死骸はそのまま野外に置かれていて、あとはわたしが回収するばかりになっている。「それは明日だな」とヒューゴが言う。車に乗ってエンゲル島への橋を渡り、彼の家の前で止まる。屋根には塔があり、地階はギャラリーになっている。西にヴェスト湾を望む景色をさまたげるものはない。ヒューゴがデザインした四角い塔は、ヘンリック・イプセンの「棟梁ソルネス」の舞台セットに使用できそうだ。

ヒューゴの家にくると、海賊のアジトにきたような気分になる。ガレージには海岸から拾ってきたものが散らばっている。ギャラリーへの通路には、古い船の船首や巨大な古い錨《いかり》が、装飾品か戦利品のように展示されている。裏庭にはかつてスクローヴァの沖を通っていたイギリスのトロール船のプロペラがある。倉庫には、海で釣りあげたロシアの看板がかかっている。ヒューゴはその看板がロシア船のものだと思っていたが、あとになって、実はアルハンゲリスク市郊外の選挙ポスターだとわかった。大きな倉庫の横に、ヒューゴはいくつかの倉庫と、二頭のシェトランドポニー、ルナとヴェスレグロッパを飼う厩舎《きゅうしゃ》を建てている。大きな倉庫やその周辺には、いつもさまざまなボートがたてかけられている。リヴィエラ海岸への憧れにあふれた船尾の平らなマホガニー製のボート、プラットガターはもう売られていた。

ヒューゴは一度もフィッシュ・スティック〔訳注：魚肉やすり身を棒状にし、揚げたもの〕を食べたことがない。それに、今後も食べるつもりはない。夕食は、摘みたてのセイヨウイラクサとラベージの新芽、レンティル豆のスープと、ヘラジカのソーセージ、ワイン数杯だった。そのあと、地階のギャラリーへ降りる。ヒューゴの油絵は多くが抽象画なのだが、北部の人々には、それが海や海岸線、すなわち自分たちの日常の風景を描いたものに見えるらしい。それもそのはず、ヒューゴの絵には、北極圏の近海で、とりわけ冬にしか見られない独特な光が輝いている。作風を特徴づける青は、冷たく澄んだ極夜の色だとすぐにわかる。ちなみに実際には、北極圏の暗い極夜の日々はそれほど暗いわけではない。たしかに薄暗く、光が当たるのは一部だけだが、すべての色が存在する。空の色は深く、包まれたような光を帯びており、ふいにオーロラが現れて極彩色の即興を見せることもある。

　制作中のいくつかの絵画のなかに、エンゲル島のヴェスト湾側にあるバッテリー・ディートルをテーマにしたものがある。島の海岸沿いに、ドイツ人は第二次世界大戦中、規模も費用も北欧でいちばんの要塞を築いた。当時、一万人以上のドイツ兵とロシア人捕虜が収容されていた。バッテリー・ディートルは映画館や病院、バラック、食堂、そしてドイツやポーランドからきた女性がいる売春宿もある、北欧で最大の町のひとつだった。区域内には、最新の技術によるレーダー設備や測候所、司令部があった。大砲の砲台はヴェスト湾一帯を射程に収めていた。距離にすると、およそ四〇から五〇キロだ。いまなお、残された掩蔽壕《えんぺいごう》がその物語を伝えている。そこで数百人ものロシア人捕虜が強制労働で亡くなっているが、ヒューゴはその荒涼とした場所に安らぎを感じている。絵のなかでは、バッテリー・ディートルはキュビズム風の立体の集まりとして描かれている。

　ヒューゴの作品は、控えめに言っても多岐にわたる。数年前には、自然にミイラ化していた猫を作品として展示したことがある。死ぬ間際に近所の古い牛舎の壁の内側に入りこんだ猫だった。フィレンツェ・ビエンナーレにその猫を出品することが発表されると、彼は地元のアヴィサ・ヌールラン紙から「猫の死骸が芸術なのですか？」と質問された。
ヒューゴはヴェスト湾の両岸で育った。いつも海のそばで暮らし、多くの時間を船の上で過ごしてきた。内陸部でまとまった期間を過ごしたことが一度だけあり、それはドイツのミュンスターで芸術を学んだときだ。有名なミュンスター専門大学の最年少の入学者だった。当時、第二次世界大戦で負傷した多くの帰還兵が街をうろついていた。杖をつき、腕をなくし、あるいは車椅子にすわった男たちが哀れな姿をさらしていた。同じ学校の学生は若い急進的なドイツ人たちで、ベトナム戦争には声高に反対していたが、第二次世界大戦の話題はタブーだった。ときどき、北行きの列車に乗ってハンブルクへ向かった。途中で空気が変わり、ひんやりとして、かすかに海のにおいがした。

卒業後、ヒューゴは油彩画の古典的な技術とグラフィックアート、彫刻を習得したことを示す証明書を手にノルウェーに帰ってきた。また、それとはちがう種類の荷物も抱えていた。一九七〇年代ドイツの大学生の急進的な環境に身を置いていたことは、いまだに彼のなかに痕跡をとどめている。それは政治的な態度のことではない。ヒューゴは、その意味ではあまり急進的ではなかった。服装やスタイルでもない。丸眼鏡をかけ、口ひげを生やし、黒髪を長く伸ばしてはいるが。それは、物事の進め方や生き方に関する、慣習にとらわれない態度のことだ。ミュンスターからは、度外れた中毒も持ち帰った。ドイツのテレビドラマ『デリック』〔訳注：一九七四～一九九八年に制作された刑事ドラマ〕の再放送を毎日五時に観ることだ。それを邪魔すると大変な目に遭う。

ヒューゴの新作の油絵を見たあと、屋根裏に上がる。そこからはエンゲル島の豊かな土地が見渡せる。涼しい夏の夜だ。草は露に濡れ、黒い平野が南へ伸び、静寂がまどろむ大地を包んでいる。ささやき声でも遠くまで運ばれるだろう。

周囲にはカバ、ナナカマド、ヤナギ、アスペンといった落葉樹の美しい森がある。開いたドアから、船の操縦室に似た家の〝船首〟の先のバルコニーへ出る。外は静寂とはほど遠い。森は花粉と、葉緑素を含んだ水滴で満ちている。幕が開き、鳥たちの歌が始まる。タシギ、シャクシギ、ヤマシギ。わたしの耳が声を聞きわけるには少し時間がかかる。クロライチョウが鳴き、ツグミがおしゃべりをし、カッコーが歌う。フィンチ、スズメ、カラがさえずる。シャクシギはしばしば憂鬱で寂しげな声を上げるが、ふいにテンポを変えてマシンガンのように心地よく鳴くこともある。友好的な銃弾だ。どこかで、一羽の鳥がテーブルにコインを落としたような乾いた音を立てる。

一羽のコミミズクが飛びさり、急降下する。長い翼が不規則に上下する。遠くに、優しく白いフィヨルドが見える。雪はまだ溶けずに島の黒い山頂にかかっている。その山は高く、かつて三機の戦闘機が衝突したことがある。一九七〇年代はじめに二機のスターファイターが、一九九九年にはドイツのトルネードが墜《お》ちたが、直前にふたりのパイロットは脱出した。機体はどちらもスカクスタッド海峡〔訳注：エンゲル島と北側のルンド島のあいだの海峡〕に墜ち、のちに小型ボートによって回収された。

ヴェスト湾を挟んだエンゲル島とスクローヴァの違いは野鳥の生態によく表れている。エンゲル島は農業中心の共同体だ。スクローヴァは漁村で、そもそも考え方からして異なる。スクローヴァには海鳥しかいない。エンゲル島の森の鳥は惹きこまれるような美しさで歌うが、スクローヴァ周辺の海鳥はしわがれ、かすれた声を持つものが多い。だが、二〇〇メートルの深さまで海に潜ることができるものもいる。水中を飛ぶように動き、向きを変えながらパニック状態に陥ったニシンやスプラット〔訳注：ニシン科の小さな魚〕の群れに近づく。

スクローヴァ沖で、海は急に三〇〇メートルほどの深さになる。ヒューゴと妻のミッテは、海岸沿いに建つオーショル・ステーションの改修作業をしている。それは古い漁業の拠点で、タラ肝油の工場だった。

名前からもわかるように、数十年前までヒューゴの家族がオーショル・ステーションを所有していたが、一九八〇年代はじめに閉鎖され、売却された。のちに、ヒューゴとミッテがそれを買いもどした。かなり破損がひどかったが、ふたりはその一部を元通りに修復し、今後に向けてより大きな計画も立てている。

ヒューゴとわたしにとっては、そこがサメ釣りの基地になる。

屋内にもどると、ヒューゴは雄の羊の話をした。ほかの誰かならともかく、彼ならそれもおかしな話題とは思わない。話があちこちに飛ぶのはよくあることだ。ヒューゴは以前、生まれたばかりの雄羊を譲ってもらったことがあった。体に欠陥があり、飼い主の農家が処分しようとしていた羊だった。ヒューゴは哀れに思って家に連れて帰った。羊をキッチンに入れ、秋に処分しようとメッテと計画した。数週間後、ヒューゴは店でまた偶然その農家に会った。すると農家は何の気なしに、一頭だけでいるのはかわいそうだと言った。そして処分する予定だったもう一頭の羊を連れてきた。

その後何年か、ヒューゴの家族が飼育したおかげで、羊たちは成長し、力が強くなって、ついにはまったく言うことを聞かなくなってしまった。子供たちや犬のそばにいさせることは危険だと判断し、ヒューゴは羊たちをボートに乗せ、草を食べて生きていける小島に放した。

羊たちは巨大になり、太り、感謝の伝え方すら忘れてしまった。ヒューゴが小島の近くを通りかかると、羊はボートの近くまで泳いでくるのだが、水を吸った毛が重くなって海に沈みそうになり、助けてやらなくてはならなかった。ある爽やかな夏の日、ヒューゴはこっそり小島に上陸した。とくにおかしなこともなく、ボートを降りようとしたとき、羊の一頭が攻撃してきた。ヒューゴはセーターの袖をまくり上げ、二の腕についた大きな傷を見せ、体に残った衝撃的な痕でこの話を締めくくった。

その後まもなく、雄羊は二頭とも処分された。オーショル家の人々に、もう羊への共感は残っていなかった。羊たちの皮は、いまでは小さな倉庫の壁にかけられている。

ヒューゴがはじめてニシオンデンザメの話をしたのは、二年前の同じような夜だった。ヒューゴの父は八歳のときから捕鯨に出ていて、ニシオンデンザメが深海から現れ、船縁でクジラの処理をしている乗組員から大きな脂肪の塊を掠《かす》めとるのを見ていた。

一度、乗組員がしつこいニシオンデンザメを銛《もり》で突き、デリックで尾を上にして吊《つ》るしたことがあった。捕鯨用の銛を背中に刺され、宙づりになった瀕死の状態でも、サメは届くところにあった鯨の肉に食らいついた。そのニシオンデンザメはいつまでも死ななかった。そのまま何時間も、甲板の上を歩く経験豊富で屈強な漁師たちをにらみつけて震えあがらせた。

別の暑い夏の日、〈ヒューティ号〉という釣り船でヴェスト湾を漂っているとき、漁師のひとりが暑さしのぎに海に飛びこんで泳ごうとした。すると、ニシオンデンザメがわずか数メートルのところに突然顔を覗《のぞ》かせたため、その漁師は大慌てでボートにもどった。残りの乗組員はそれを見て大いに楽しんだ。

こうした話がヒューゴの想像をかきたて、四〇年にわたって心のなかで温められた。ニシオンデンザメの話をしたあの夜、ヒューゴの目は輝き、声には特別な響きがあった。子供のころに聞いた話は、ずっと心を離れていなかった。海に棲む魚や動物はほとんど自分の目で見てきたけれど、ニシオンデンザメはまだ見たことがない、と彼は言った。それはわたしも同じだった。わたしをその気にさせるのは、いたって簡単だった。わたしはその餌に食いついた。針も糸も、オモリまでまるごと。

わたしも海のそばで育ち、子供のころから釣りをしている。当たりがくるといつも、深海から何が浮かびあがってくるのかとわくわくした。海には全世界があり、自分が何も知らない無数の生き物がいる。すでに発見されている種については本に載った写真を見たことがあったが、それだけでも充分だった。海の生命は陸の生命より豊かで、魅力的だった。不思議な生き物がほとんど真下を泳ぎまわっているのに、見ることも知ることもできない。海のなかで起きていることは想像するほかない。

ヒューゴにニシオンデンザメの話を聞いて以来、わたしはまた海の魅力に捉えられた。子供のころ不思議に思ったりわくわくしたことのほとんどは、成長するにつれて特別なものではなくなっていた。だが、わたしにとって海はより大きく、深く、興味深いものになっていた。これは隔世遺伝だろうか。数世代を飛び越えて、大昔、海の底に沈んだ曾曾祖父から何かを引き継いだのかもしれない。

そしてそれとはべつに、そのときにははっきりと意識していなかったこともあった。いまでも、それは視界の端に垣間見える程度だ。まるで、灯台から発せられ、すばやく回転しながら闇を切り裂く光に一瞬だけ照らされるもののように。

やるべきことはたくさんあった。それでも、ためらうことなく答えていた。「よし、ニシオンデンザメを捕まえにいこう」

3

人類は地図をつくった。そしていまではその空白を、誰も見たことのない怪物や架空の動物などで埋めたりはしない。だが、埋めるべき場所はまだある。この惑星にいるすべての生物が発見されたわけではないのだ。それにはほど遠い。現在までに発見されている生物は二〇〇万種弱だが、生物学者は地球にはおよそ一〇〇〇万種の多細胞生物がいると推定している。[2] その最大の宝庫は間違いなく海で、そこではいまも、つねに新しい生物が発見されている。海岸のそばに生息する大型動物についてすら、まだよくわかっていないほどだ。地球上のサメの個体数は人間の人口に匹敵するとも考えられている。[3] そして、ヴェスト湾の深い部分や海溝を泳いでいるニシオンデンザメ、全長七メートル、体重一一〇〇キロにもなるこのサメについて、多少なりとも知っている人がどれだけいるだろう。もちろん、ヒューゴのほかに、ということだが。

ニシオンデンザメは大昔から生きている。生息地は、ノルウェーのフィヨルドの底から、北極の近くまでおよぶ。深海のサメは浅瀬に棲むサメよりも通常はるかに体が小さいが、ニシオンデンザメは例外だ。ホホジロザメを超える、世界最大の肉食のサメだ（ウバザメやジンベイザメはもっと大きいが、プランクトンしか食べない）。海洋生物学者が近ごろ解明したところでは、ニシオンデンザメの寿命は四〇〇から、おそらくは五〇〇年に達し、脊椎動物のなかでは群を抜いている。われわれがこれから捕まえるサメは、もしかしたら〈メイフラワー号〉がヴァージニア植民地に向けて出航したころ、あるいはさらに一〇〇年遡って、ニコラウス・コペルニクスが地球は太陽のまわりを回っていると考えていたころに、深い海溝のどこかを悠然と泳いでいたかもしれないのだ。メトシェラ〔訳注：旧約聖書の登場人物で、ノアの祖父。九六七歳で死んだとされる〕の年齢の半分を生きているかもしれない。言い伝えによれば、彼はノアの大洪水の年に亡くなっている。その命を奪ったのは氾濫した水だったかもしれない。ニシオンデンザメは、洪水による地球環境の変化を心地よく感じただろう。手に入る食料は増えたはずだ。

　またノルウェーでは、ニシオンデンザメはニシネズミザメの近縁とみなされることがある。ニシネズミザメはいくぶん小型で、絶滅危惧種に指定されてさえいなければ、レストランでも提供されるくらい肉はおいしい。ニシオンデンザメはなんの保護対象にもなっていない野生動物だが、その巨体からとれる肉を食べたいと思う人はほとんどいない。人間の体内で強い中毒症状を起こし、命さえ脅かす毒が含まれているためだ。

　だが、どんな困難があろうともわれわれは捕まえる。地球上に数億年生きつづけ、血液には命を奪うほどの毒を持ち、巨大なトラバサミのような歯を持つその獰猛《どうもう》な怪物を。

　ヒューゴとわたしがその決心をしたときから二年が経ち、いまは魚卵のようなオレンジ色の夏の夜だ。腰を下ろし、ニシオンデンザメに関するニュースを交換する。このまえ会ったときから、それぞれいくつかの情報を得ていた。本を開くとたいていは、泳ぐのがとてものろいと書かれている。サメのうちもっとも速いものは時速七〇キロ近くにも達するというのに。しかしヒューゴは、ニシオンデンザメがそれほど遅いはずがないと言う。

「それなら、ニシオンデンザメの腹のなかにホッキョクグマや、海中を速く泳ぐオヒョウや成熟したサケが残っているのはどう説明するんだ？　そんなに遅いはずがない」

「ニシオンデンザメには、角膜を攻撃して視界を狭くさせる寄生動物がいる。目玉からぶら下がっている、指くらいの長さの虫みたいなものだ。暗闇のなかで緑色に光るサメの目で、獲物は催眠状態になるという仮説があるんだ」。ヒューゴでもこれは知らないだろうと、わたしは得意げに言う。

　だが、得意でいられるのもわずかのあいだだ。ヒューゴは軽く聞きながしている。

「それが本当なら、なぜアラスカのトナカイを海に引きずりこむことができるんだ？　どうやって海鳥を捕まえるんだ？　やっぱり催眠を使うのか？」

　ヒューゴはニシオンデンザメの知覚器官について簡単な講釈を始めた。サメの視界が狭まっていたり、あるいは完全に見えないとしても、もともと暗い深海ではさほど不利になるわけではない。そのかわりニシオンデンザメには電流を感じとる秘密の武器がある。ロレンチーニ器官だ。サメはゼリー状の物質が詰まった一センチほどのその器官で、数マイクロボルトの電位差を感知することができる。砂に隠れている獲物を見つけ、海底に横になっているアザラシに忍びよって攻撃することができるのは、きっとそのためだ。

　はじめて聞く話だが、そのことは気取られないようにヒューゴを見る。

「アザラシが海底で眠るなんて、知らなかったんじゃないか?」彼は少し嬉しそうに言い、講釈を続ける。

「ニシオンデンザメはその器官で速い動物を捕まえるのかもしれないし、傷ついて弱ったものや、砂の底に隠れた魚を見つけるのかもしれない。普段はゆっくりと音もなく泳いでいて、気配を消して獲物を仕留めるのかもしれない……」

ヒューゴは結論に近づいていく。

「けれども、いざとなったら速度を上げられるにちがいない。そうでないと筋が通らない」

計画の細かいところはまだ話しあっていない。たとえば、ニシオンデンザメを海面まで引きあげたらどうするか? わたしは尾のつけ根にロープを縛りつけて、宙づりにして失神させようと提案した。サメは泳ぎつづけていないと酸素を吸えない。サバと同じだ。

ヒューゴは首を振った。サメが海に落ちてしまう危険がある。イヌイットのように、陸まで誘導したらどうだろう。この案の弱点は、サメをこちらの思いどおりに進ませなければならないことだった。イヌイットは小型のカヤックを二艘《そう》並べ、そのあいだにニシオンデンザメをはさんで誘導するのだが、われわれにはボートが一艘しかない。ちなみに、イヌイットは昔から、ニシオンデンザメはシャーマンを助ける動物だと考えている。

「島に引きあげるのも不可能じゃない。船とサメのあいだに小島をはさんで、釣り糸を引くことができれば」とわたしは言った。

ヒューゴはその提案を聞きながした。やはり馬鹿馬鹿しすぎるか。

「浜までサメを引いてきたらどうだ？　綱を木に引っかけておいて、沖に進めばサメを陸にあげることができる」

「少しはましだな。おれもずっと考えていていたが、どうすればいいかはもうわかってる。ニシオンデンザメが水面にあがったら、銛で突いて、それを短い綱でウキにつなぐんだ。あとのことはそれから考えよう」


前から引っ張るか、尾から引きずるか、いずれにせよサメを捕まえてスクローヴァの波止場か浜に揚げることができたら、ヒューゴが狙っているのは肝だ。サメの肝から大量の油を採り、それを使って塗料をつくる。そして改修中のオーショル・ステーションに塗るつもりだ。サメを使ったさまざまな芸術作品の計画もある。

こんなふうにして二、三時間過ごしていると、しだいに疲れてきた。白夜の時期ではないが、まだ日射しは明るい。わたしはポーチにすわって自然を眺める。穏やかな夜で、ほとんど風もない。入り江からかすかな潮と腐りかけた海藻のにおいが漂ってくる。道具はすべてスクローヴァのオーショル・ステーションに用意されている。鎖と、三五〇メートルの最上級のナイロンの釣り糸。長さ二〇センチのステンレス製釣り針と、釣り糸を沈めるオモリ。サメが食いついたときの引きの力を吸収する大きな浮き袋がふたつ。それがあれば、サメの体力を奪い、いざというときには安全な距離を保つことができる。

あとは、餌さえあればすべてが揃う。野原のどこかに転がっているハイランド種の牛を回収する時だ。ヒューゴの胃はそれには耐えられない。自分でやろうとして失敗したあと、もう吐くものが残っていないのに何度も吐き気を催していた。

ありがたいことに、わたしにはその作業ができる。

4

死があればこそ生があり、生命の移りかわりが地球の調和を生みだしている。そんな考えを慰めにして、次の日の早朝、わたしはひとり森を抜け、あまり定かでない指示に従って腐りかけの牛の死骸を探しにいく。

ハイランド種の牛は原始的で丈夫な体を持ち、冬でも外で生活する。外見は長い前髪を垂らしたジャコウウシに似ている。群れをなし、ヒエラルキーは厳密に定まっている。自然の本能を残しているため、出産中は近よらないほうがいい。長く鋭い角と強い力で、この古代の生き物はときには獰猛な雄羊よりもやっかいな存在になる。木の実を摘んでいる人を怖がらせることもある。

ある農家がこの牛を何頭か飼っていた。というより、北海の石油プラットフォームに出稼ぎに行っているあいだ森に放って草を食べさせていた。はじめての屠殺のとき、飼い主はボルトを額に打ちこんだ。そうすれば通常の大型牛ならば即死し、死に際に苦しむこともない。しかし額の厚さが六センチもあるハイランド種は気絶しただけだった。死んだように見えたが、大動脈を切断したとたん、牛はパニックになって立ちあがって走りまわった。血が子供たちにまで飛び散ったが、かろうじて安全なところへ避難した。

いまわれわれの餌になろうとしている牛は、九〇メートル以上の距離からヘラジカを仕留めることができる三〇八口径のライフルで撃たれた。だが一発では仕留められず、三発目でようやく倒れた。

それで、死骸はどこにあるのだろう?

指示どおりに進み、野原に着く。牛の死骸は、野原の奥にある林にあるという。今日はこの北の地では稀《まれ》にみる暑さと日射しだ。昼からシャンペンでも飲んだかのように鳥たちが歌う。マルハナバチは花のあいだを気だるそうに飛びまわっている。ムラサキツメクサ、フランスギク、ゼラニウム。それから、鳥の足、ベーコンエッグ、ドイツの木靴、スリッパ、おばあちゃんの足の爪、悪魔の指といったさまざまな呼び名を持つ黄色いミヤコグサが大量に生えている。この花には特別な臭いがあり、そのためこの地方ではかなり下品な名前で呼ばれている。糞《くそ》の臭いの花、悪魔の下痢、なかでもとくにひどいのは、尻拭き草という名だろう。

ともかく、今日のエンゲル島はピクニックにもってこいだ。牛の死骸の臭いさえ無視できれば。

死骸を探しているところからさほど遠くない場所に、ホルグという、生け贄《にえ》が捧げられた古い祭壇がある。作品の展示場所としてそこを使ったことがあるヒューゴの影響で、わたしはこの穴の開いた石に興味を持つようになっていた。ホルグについて書かれた数少ない本のうち、一冊の著者がトロムソ大学のポヴル・シモンセンだ。彼によれば、ノルウェー北部にはこのような石の祭壇はふたつしかない。ひとつは西フィンマルクのセール島に、もうひとつはエンゲル島のサンヴォーガンにある。シモンセンの推定では、製作年代は紀元前一〇〇〇年から紀元一〇〇〇年のあいだのいつかだ。

これはさすがに幅が広すぎる。シモンセンは、この石は青銅器時代後期から鉄器時代後期のものだという。最近この石の横に文化遺産財団の理事会が標識を立てたのだが、およそなんの役にも立っていない。この石は紀元前一五〇〇年から紀元一〇〇〇年のものだと書かれているのだが、それはつまり、この石は三五〇〇年前のものかもしれないし、一〇〇〇年前のものかもしれないということだ。誰がいつ、なんのために使ったのか皆目わからない。一〇〇メートル走の世界記録について、一時間以内で、一歳から一〇〇歳までの男性もしくは女性によって樹立された、と新聞に書いてあるようなものだ。

石のなかに空洞があるのは、生け贄に使われたからだろう。窪《くぼ》みは人間か動物から、血か脂肪を集めるためのものだ。正面が西向きであることから、太陽信仰との関連も推測される。生け贄にされたのは、処女、家畜、あるいは牛乳やバター、穀物などかもしれない。年に一度の生け贄の儀式によって、人々は集団として結束する。全員で音楽や踊り、食べ物をわけあう。人を酔わせる飲み物もあっただろう。血への欲求もあったとわたしは想像する。彼らの父祖が集団として結束したときの暴力の記憶を呼び覚まし、それを再現するためだ。(4)

動物や生け贄について考えながら歩いていると、風がさっとこちらへ吹いてきた。その臭いで、正しく目的地に向かっていることがわかる。悪臭に吐き気がし、目に涙が浮かぶ。草むらに足がつかえ、牛の糞を踏んづける。ヒューゴとひと晩ワインを飲み明かしたあとで、これは堪《こた》える。野原を半分ほど進むと、ハエの音が聞こえてくる。ヒューゴから借りたガスマスクのようなものは、よく見ればただの防塵マスクにすぎず、死にそうなこの臭いを防ぐ効果はない。日常の世界では、死の臭いなどほとんどの人が忘れてしまっている。それは死んでからすぐに臭いはじめるが、強烈になるのは三日後からだ。そのころから、胃の中のバクテリアが死んだ宿主の体を食べはじめる。その過程で、ガスと強い毒性を持つ液体が生みだされる。感覚器官は、そうした毒物からできるかぎり離れよと、はっきりと警告を発する。わたしはいま、完全にそれを無視している。

ある有名な進化生物学者は、いかに高度な生活と文化を持っていても、人間は食物が流れていく長さ一〇メートルの運河にすぎないと言った。脳や腺、器官、筋肉、骨格など、われわれが進化の過程で手に入れたものはすべて、この運河のまわりに建てられた付属品に過ぎないのだと。

人間をこうした基本的な機能に還元しても、とりたてて意味があるわけではない。だが、微生物を除いて地上でもっとも繁殖した生命体は、筋肉で覆われた運河、つまり蠕虫《ぜんちゅう》や蛆虫《うじむし》なのだ。これほど地球上で繁栄した動物はほかにはなく、そうした生物がもっとも数多くいる場所は海底だ。クジラの死骸には無数の蠕虫がわいている。

年間数万頭のクジラが死ぬ。その遺体は謎めいたクジラの墓地に、深海の荘重なオルガンの伴奏つきで悲しげなクジラの歌の調べとともに葬られるわけではない。海岸に流されるものもあるが、ほとんどは海底へ沈む。その臭いに遠くから引きよせられた屍《し》肉食動物はクジラ骨生物群集という共同体をつくる。ゆっくりと生命が爆発し、さまざまな種類の寄生動物のコロニーが形成される。クジラの骨格が完全になくなるまで、数十年存続する場合もある。骨も食べられる。赤いシュロの木のような形をした特殊な蠕虫が骨格に食いつく。しかも、この死骸がもたらす食物は、これで終わりではない。すぐにバクテリアが取って代わり、有毒な硫化物を栄養豊富な硫酸塩に変える。この過程を経ることによって、二枚貝など四〇〇種もの異なった種に栄養が供給される。そしてすべてが使い尽くされると、それらの種はそこから離れ、次のオアシスを探しながらスタンバイモードで命をつなぐ。こうした知識は、死んで動かなくなったクジラを科学者たちが深海に引き下ろし、詳細な研究を行ったことによって得られたものだ。(5)

わたしは牛の死骸を見つけ、その頑丈な骨や腐りかけた内臓を袋に詰めはじめる。涙が流れ、ハエは耳のまわりで音を立てて飛び、太陽はまるで気持ちのいい一日のように照らしている。突然、ヒューゴがこの仕事をするべきだったのだという思いが湧きあがる。なんで彼の言い分を受けいれたりしたんだろう。吐けないからといって、できないわけじゃない。むしろそのほうがやりやすいはずだ。

5

二時間後、われわれはボゴイの港にいた。ヒューゴのＲＩＢ（リジッドハル・インフレータブル・ボート）でヴェスト湾に出る準備はできている。それはフランスのボンバール社製のボートで、わたしは名前から、恐ろしい破壊兵器のようなイメージを抱いていた。だが実際には、空気で膨らませるただの小型のゴムボートだった。

あの袋と残りの装備を載せ、ボートに足ふみポンプで空気を入れ、三七ノット（時速約六九キロ）でフラグスンデ海峡へと出る。この速度は、整備されたばかりのスズキの一一五馬力のモーターのおかげだ。このＲＩＢはヒューゴが持つほかのボートとはちがう。最高で、四三ノット（時速約八〇キロ）に達する。竜骨は小さく、空気が詰まっているため、水の上に浮いている部分が大きい。ヒューゴが気に入るはずだ。これなら水上を歩くことができる。

オーショル家の歴史はかつて所有した船の歴史に重なる。何世代にもわたって、彼らは捕鯨を含む、さまざまな釣りや漁を行ってきた。ヒューゴの曾祖父のノーマン・ヨハン・オーショルは、はじめ聖歌隊の指揮者や家具職人、教師をしていたが、その後ノルウェーの漁業の発展の草分けになった。独立してフィンマルクで魚の仲買人として過ごしたのち、エンゲル島の南、スタイゲンのヘルネスンの漁業ステーションを買い取った。その近くの山上に、彼は冬場には硬く氷が張る人工池をつくった。夏にはそこからステーションへ木製のスロープで氷を送ることで、ヨーロッパへ新鮮な魚を輸出した。

ヒューゴはヘルネスンで育ち、年中漁業ステーションを駆けまわっていた。冬になると、干物づくりの作業場が子供たちの遊び場だった。海の仕事は朝が早い。ベテランの漁師でも朝八時には海に出る。ヒューゴはすでに一〇歳のころ、友達と夜通し小さなボートでオオカミウオを釣ったり、ピック（オモリつきでボートから落とす銛）で突き刺したりしていた。光は水中で反射するため、オオカミウオやヒラメを見つけたとき、狙いをつけるには技術が要る。ほかには、ボートの側面から針と糸を垂らしておき、魚が近づいてくるのを自分の目で確認するまで待ち、タイミングを見計らって糸を引きあげるという方法もある。どちらの方法も練習と正確さが欠かせず、これをマスターした少年は宇宙の支配者になったような気分が味わえる。

大きな青いオオカミウオはとても獰猛で、仕留めそこなうと攻撃してくる。一方、茶色いものはさっさと逃げてしまう。ヒューゴが弟と父親と一緒だったとき、巨大なオオカミウオにピックを突き刺したが、逃げられてしまった。三人は船縁から覗きこんで海底の砂地を探したが、跡形もなく消えてしまったらしい。ところがそのとき、木製ボートの竜骨がきしる音が聞こえてきた……。

ノーマンの息子でヒューゴの大叔父にあたるハグバート（ややこしいことに、ヒューゴの父も、ヒューゴの四歳の孫もハグバートなのだが）は、地元では伝説のイノベーターだった。新たな手法を開発し、それまで価値を認められていなかった魚を捕りはじめた。

大叔父のハグバートは、捕鯨をはじめるまでに回り道をした。カナダとアラスカの西海岸の沖でオヒョウを釣っていたとき、銛を製作しているあるアメリカ人の友人から捕鯨の世界に引きこまれた。数年後、ハグバートは銛と、ウバザメ（ジンベイザメに次いで大きく、プランクトンを食べるサメ）を撃つのに使われていた捕鯨砲を持ってボードーへもどった。ウバザメは顎を大きく開けて泳ぎ、水中のプランクトンを濾《こ》しとる。餌の捕り方はゆったりとして平和的だが、凶暴とは言わないまでも、恐ろしい見た目をしている。

ウバザメの肝油は人気があるが、危険なのであまり近寄れない。太陽とサメのあいだに船が入り、影を見られると、尾びれで攻撃される。船は一撃で空中に飛ばされて転覆するか、破壊されてしまう。そのためウバザメの漁はいたって慎重に、正しい手順で行わなければならない。よく使われるのは手投げの銛で、それはサメの尾びれがボートのすぐ横にきたときに投げる。銛が刺さると、サメは反対側に倒れる。

ハグバートが捕鯨をはじめると言うと、人々は笑った。だが創意工夫を繰りかえし、週に最大で三〇頭のミンククジラを捕まえるようになった。捕鯨用の装備をした三隻の船を持っていた。それがスタイゲンとヴェスト湾での商業捕鯨のはじまりだった。わたしとヒューゴがいま向かっているロフォーテン諸島の小島、スクローヴァはその中心地になった。ノルウェーにいまも残る数少ないクジラの陸揚げ場所のひとつだ。

あるときハグバートとふたりの仲間は巨大なナガスクジラを銛で突いた。ナガスクジラは地球上で最大の生物、シロナガスクジラと同じくらいの大きさになることもある。滑らかで葉巻のような体型をしており、泳ぐ速度はクジラではもっとも速い。そのナガスクジラは、ハグバートの小型ボートを数十キロも、まっすぐにヴェスト湾の向こうの〝ロフォーテン・ウォール〟まで引っ張っていった。それは、遠くからだと一本の線のように見える、海に浮かぶ長く連なった稜線だ。

この話は誇張ではない。一八七〇年代に、ノルウェーの作家ヨナス・リーは、捕鯨界の大物スヴェン・フォインが所有する蒸気船に乗っていたとき、ヴェスト湾のおよそ八〇〇キロ北に位置するヴァランゲルフィヨルドの半分の距離をナガスクジラに引っ張られた。逆風なうえ、蒸気エンジンでブレーキをかけたが効果はなかった。フォインはジブ〔訳注：マストの前方に張る三角形の帆〕を張ったが、風で破れてしまった。波が船首にかかり、船員たちはクジラから逃れようと悪戦苦闘していたが、フォインは考えこむように甲板をうろうろと歩きまわるばかりだった。ヨナス・リーは書く。「状況はますます悪くなっていった。まるでクジラではなく海の神を突いてしまい、それが休むことなく容赦なく走っているようだった。太い綱がようやく切断されると、船に乗っていた多くの者が安堵《あんど》のため息をついた」[6]。捕鯨砲を発明し、捕鯨船の捕獲量を六倍にも高めたフォインは、この経験から、水面から垂直に突き出た〝耳〟のついた横桁を発明した。それによって船のブレーキ性能は大きく向上した。

オーショル家は魚の陸揚げ拠点と、切り身工場、タラ肝油製造所のほか、鮮魚や魚の塩漬け、干物、クリップフィスク（塩漬けにして干したタラ）を売る輸出会社を所有している。これらの事業の中心には、つねに船がある。ヒューゴは自分の孫や父親、叔父、旧友たちの話をするときにはたいてい、家族が所有する船のことも話す。親戚の写真を見せてもらったことはないが、船の写真なら山ほど見てきた。船の名前は、何度聞いたかわからないほどだ。〈ヒューティ号〉、〈クヴィトベリ一号〉、〈クヴィトベリ二号〉、そして〈クヴィトベリ三号〉。〈ハヴグル〉と〈ヘルネスン〉も一号と二号がある。〈エリーダ号〉は古いプラットガター・スループ、つまり船尾が平らに切り落とされ、ガフ艤装《ぎそう》〔訳注：マスト上方から伸びる支柱（ガフ）を用い、四角形の帆を張る帆装の形式〕でジブのついた木製の船舶で、一九三〇年代まで所有していた。またアイスランド製で、一九七〇年代のタラ戦争〔訳注：漁業権をめぐるアイスランドとイギリスの紛争〕のときにイギリス海軍の帆船と衝突して船首にへこみができたトロール船もあった。

〈クヴィトベリ二号〉が沈没したとき、ヒューゴはまだ八歳だったが、その船のことをなつかしい家族のように話す。七四フィート（約二二・五メートル）のカッターボートで、ボードーからヘルネスンへの航行中にスタッベンの沖合で沈んだ。積荷はライム、セメント、浄化槽だった。

カールソイを出たところで風が強くなり、時化《しけ》で積荷が揺れ動いた。船はほぼ一瞬にして沈んだ。ヒューゴは、叔父のシグムントがずぶ濡れになり、全身真っ白でヘルネスンの海岸にたどり着いたのを覚えている。海中でばらばらになった積荷が全乗組員にふりかかったためだ。

オーショル商会が所有し、沈没した船は〈クヴィトベリ二号〉だけではない。一九六〇年の新年早々、〈セト号〉という船がムーレの海岸沖で沈没した。それはノルウェー最大の巾着網漁船に改造されたトロール船で、大漁により三二万リットルのニシンを積んでいた。転覆してあっという間に沈没したとき、船は魚を海岸に届けようとしていた。乗組員はあわてて船外に逃れ、近くのボートに救助された。翌日のベルゲン・ティデンデ紙は、「土曜の午前、まだ早い時刻に、意気消沈した人々が救助ボートに乗ってオーレスンに漂着した。ボードー近郊のライネの巾着網漁船〈セト号〉に乗り、ルンデから一〇海里西のニシン漁場を進んでいる最中だった。乗組員は所持品をすべて失った。財布も船に残したままだった」(7)と報じている。船長のルトヴィク・オーセンは、積荷の隔壁が爆発し、数十トンの重みが急に移動したためと考えている。もしこれが陸に向かう途中で、近くにボートがなければ、乗船していた二〇名は悲惨なことになっていただろう(8)。

第一次世界大戦後、ヒューゴの祖父スヴェインと大叔父のハグバートはイギリス製の掃海艇を購入した。それは機雷が船体に付着しないよう素材はオークでできていた。その掃海艇〈カーゴ号〉のことを話すとき、ヒューゴの声には明らかに憧れがにじむ。イギリス製のオークでできたこの掃海艇がなかったら、人生の重要な一部が失われてしまうかのような口ぶりだ。

フラグスンデ海峡へ向かう途中で養魚場を通りすぎたとき、ヒューゴが話していた〈クヴィトベリ一号〉のことをふと思いだす。一九一二年に砕氷船として建造された頑丈な大型船だ。一九六一年に役目を終えると、ヘルネスンの湾の潮間帯に置かれていたのだが、やがて船はばらばらになり、砂に飲みこまれた。通常は、最後の梁《はり》が朽ち果てるまでそのまま放置される。

だがヒューゴはそうならないように手立てを考え、一九九八年に船首と側面の一部を引きあげた。それらはボードー芸術協会の敷地内に展示された。船の最後の所有者だったビャルネ・オーショル（一九二五〜二〇一四年）には、四〇年間沈んでいたものがなぜ芸術作品の展示場にあるのか、まるで理解できなかった。ともあれ、彼は生まれてはじめて芸術作品のお披露目会に出席した。

展示が終了すると、ヒューゴは船体をスタイゲンのサケ養殖場の近くに置いた。数年間はそのままそこにあったが、その後ふたたびヒューゴに断りもなく前浜に沈められてしまった。現在ヒューゴはそれをもう一度引きあげ、また展示することを考えている。船にとっては、まるでわけのわからない出来事だろう。

漁師はしばしば自分の船が生きているかのように語る。改まって問われれば、もちろん船は生き物ではないと認めるだろうが、心の奥深くでは、この一般的な見解は間違いだと思っている。船との結びつきが深く、何かがあった際には船の性質が生死を分けることになるからだろう。癖や、強みと弱みなど、船の個性を知ることは漁師には欠かせない。船を丁寧に扱えば、漁師は船とともに海を支配できる。もちろん、船についてこのように語ることは、ヒューゴのような人々を除けばいまでは一般的ではない。

ヒューゴに語らせると、船には愛想がいいものや、利口で勤勉で気のいいもの、あるいは気むずかしく厄介で、小ずるい奴さえいる。彼はたいていの船は気に入っている。たしかに一癖あって扱いにくいこともあるが、尊重してやり、うまくなだめすかせば、ちゃんと役目を果たしてくれる。ヒューゴは船の話をするとき、亡くなった友人のことを話すように、欠陥や弱点よりも長所を強調した。誰にでも欠点のひとつやふたつはあるものだ。

一〇年前、ヒューゴはヴィクスンン社製のボートを持っていたが、あまり気に入っていなかった。風が吹いて横揺れすると、ディーゼルタンクの堆積物でフィルターが汚れ、モーターが止まってしまうことがあった。エンゲル島の南からエンゲルヴェルへの航路など、危険な水域では油断はできなかった。暗い時間で、子供ふたりを舳先《へさき》に乗せているような場合にはとくに。そのヴィクスンのモーターは信頼性に欠けていた。沈没したことはないが、ヒューゴはそれについて語るとき、かならずあざけるような口ぶりになる。

ついでに言うと、わたしにもそのヴィクスンには苦い思い出がある。あるとき、あまりに風が強くボートが揺れはじめた。ひどく船酔いしたわたしを見て、ヒューゴは悪ふざけの絶好のチャンスだと考えた。わたしが手すりにもたれていると、彼は心配そうな表情で言った。「なぜ船酔いするのか、理解できないよ。わざとじゃないのか？　興味はあるが、自分では酔わないからわからないんだ。どんな感じなのか教えてくれないか」

覚えているところでは、スカーフをつかんでプロペラに巻きこんでやろうと思ったのだが、それだけの体力はなかった。あとで聞くと、ヒューゴも一四歳まではひどい船酔いをしていたそうだ。あまりに気分が悪くなると、両親は彼を小島に降ろして、回復するのを待ってくれたという。

ＲＩＢはフラグスンデ海峡を過ぎ、すぐにヴェスト湾が近づいてくる。海は静かだ。波といえば、自分のボートが立てるさざ波しかない。少なくともしばらくは、のんびり進んでいくだけでいい。エンゲル島付近からヴェスト湾に出ると、状況が安定していることなどまずない。フィヨルドというより、気まぐれな海だ。〝ロフォーテンのプール〟とも呼ばれるが、その言葉はいつも、世界でもっとも大きく、もっとも冷たいプールを思わせる。われわれがこれから渡るのは、カラスが飛びから一七海里だ。ヴェスト湾は、フースタヴィカ、スタットハヴェット、フォラ、ロップハヴェットなどとともに、船員や漁師にはノルウェー沿岸で最大の船の墓場として知られている。

ヴェスト湾をさらに騒がしくしているのが、〝ストルショット〟という現象だ。干満差が大きい満月と新月のときには、浅く、内陸深くまで入りこんだテュスフィヨールに水が押しよせてくる。引き潮になると大量の水が引き、南西の風に導かれた潮流とヴェスト湾でぶつかる。これによって海水が大きくうねり、予測できない潮流が生まれる。

ヴェスト湾一帯には岩礁がいくつもあり、数えきれないほどのボートが衝突して粉々になり、多くの女性や子供から、夫や父親を奪ってきた。このエリアの海図を調べると、わずかに海面に覗いているか、海面のすぐ下にある礁にはさまざまな名前がついている。ビッヒェヒャフテン（犬の顎）、ヴァリボーエン（オオカミの巣）、シーテンフレサ（糞の岩）、フロクスカレーネ（氷の頭蓋）、ガルゲホルゲン（絞首台の小島）、ブラクスカレーネ（衝突する頭蓋）など。嵐が起きるとかならず、波が高まり小島や礁の上にかぶさる。かろうじて姿が見えているものもあるが、そんなときがいちばん危険だ。

昔は、漁師はグロート島や、ヴェスト湾のもっと小さな、はずれにある漁村で、海が落ち着くまで数週間も待たなくてはならないことがあった。やがて、その漁村を所有していた商人のゲルハルト・ショーニン[9]への負債がかさみ、多くの者がその手下になった。一八〇〇年代後半には、ショーニンは蒸気船〈グロート号〉でフィヨルドの村々を、投票すべき政党を指示して回った。負債で首が回らなくなった漁師や農民の投票により、保守政党ホイレは圧倒的な勝利を収めた。

漁村の所有者らは自分たちで海の縄張りを決め、自分の手下の漁師だけに漁をさせ、必要に応じて武力を使った。魚が多いときは、所有者たちは結託し、一匹の金額で二匹の魚を差し出させ、漁師たちに本来の半額しか支払わなかった。それは封建的な関係で、漁師は多くの点で漁村の〝領主〟の支配を受ける小作人のようなものだった。[10]

6

およそ三〇分で、ヴェスト湾の開けた海域に入る。そこには数えきれないほどさまざまなものが棲んでいる。船が行き過ぎる。海の魔物が遊ぶ。

海のうねりを正面から受けないようにジグザグに進んでいく。ひどいときにはボートが激しい衝撃を受け、肉が骨からはずれるような感覚を味わうことになるのだが、今回はちがう。対岸のロフォーテン・ウォールが、暖かく澄んだ太陽のもと、荘重な姿を見せている。その黒く尖った山頂のいくつかは、地球のはじまりから存在しているものだ。

いま、海面は白い金属の液体のように静かだ。ヒューゴが予言したとおり、一年のうちでヴェスト湾がもっとも穏やかな日のうちに数えられるだろう。ロフォーテン・ウォールの山並みが端から端まで見渡せる。いちばん北のロギンゲン村から、ディゲルミューレン、ストレモーラ島、リレモーラ島、スクローヴァの山頂と島々が見え、スヴォルヴェルの町とカベルヴォーグ村への道がその陰になっている。さらに西へ進むと、ヴォーガカレンの切りたった山肌とヘニングスヴァー、スタムスンの漁港が見えてくる。ロフォーテン・ポイントのほうに、穏やかな霧に包まれてヌースフィヨルド、レーヌ、オーがある。半島の先端には、何世紀にもわたって船乗りに恐れられ、作家のジュール・ヴェルヌやエドガー・アラン・ポーらが好んで描写した、恐るべきモスクストラウメンの渦巻きがある。

名高いロフォーテン・ウォールの美しさに、多くの人々が息をのんできた。ノルウェーの画家クリスチャン・クローグは一八九五年の冬の日にヴェストフィヨルド湾を渡り、こう書いている。「まぎれもなく印象的な光景だ。純粋のなかの純粋、冷たさのなかの冷たさ、もっとも汚れなく、果てしない想像をかきたてる、神の孤独と純潔の神聖な処女性の祭壇だ。むずかしい……これを描くのはなんとむずかしいことか。仰ぎみるこの高さを、荘重さを、自然の厳しく無慈悲な静けさと超然とした姿を描くのは[11]」

クローグはスヴォルヴェルを描こうとはしなかった。彼の意見では、この町は周囲の景色とちぐはぐで、浮きあがっている。その茶色の町並みは派手すぎ、一貫した色調や雰囲気もない。いずれにせよ、光や自然と完全に調和を欠いている。

海底に存在するものについて知っていたら、クローグはシュールレアリスムの創始者になったかもしれない。地上では、生物は水平に生きている。ほぼあらゆることが地上で行われ、高い場所で何かがあるとしても、せいぜいもっとも高い木の高さまでだ。もちろん鳥はそれより高く飛べるが、大部分の時間は地上の近くで過ごす。一方、海は垂直で、水の層が平均して三六〇〇メートルの深さまで続いている。そして生物はその上から下まで存在する。地球上で生物が生きている場所のかなり多くは、海のなかにあると言えるだろう。(12) それ以外の景観は、たとえば熱帯雨林なども、海と比べれば色褪《あ》せて見える。

海の深さについて知られていることから純粋に理論的に考えてみれば、山々や尾根、平野、森林、砂漠、あるいは都市やそのほかの人口のものすべてを含めた、地上にあるあらゆるものはすべてすっぽりと海のなかに収まってしまう。地上の土地の平均高度はわずか八〇〇メートルほどにすぎない。ヒマラヤ山脈をまるごと海のもっとも深いところに沈めたとしたら、大きな水しぶきを上げて、海のなかに跡形もなく消える。海水はあまりに多く、海底全体が現在の海面にまで上昇したと想像すると、すべての大陸は海水のはるか下にすっぽりと沈んでしまう。そのとき海の上に出ているのは、世界の名だたる山々の山頂だけだ。

われわれはまぶしい太陽の光を反射した鏡のような海面にいる。ロフォーテンではこれを〝トランスティラ〟(タラの肝油を表すノルウェー語を語源とする)といい、完全に海が静まった、めったにない状況を表す。このすぐ先で、海の深さは五〇〇メートルになる。白い表面の膜の下で何が起きているのかは不明だ。もっとも、少しは知られていることもある。すぐ下の昆布のあいだには、黒タラ、コダラ、タラ、ポロック、そしてほかにも数多くの種の生物が棲んでいる。昆布の森の下、水深一七〇メートルから二一〇メートルほどで、水がどんなに透明で澄んでいても、ほぼすべての光が吸収される。遠くのほうに、ほとんど映らなくなった古いテレビのような灰色っぽい光が見えるだけだ。そこで光合成は終わる。植物はその先には存在しない。それより深いところでは、ニシオンデンザメが絶えず巡回する暗闇のなか、不思議な生物が生きている。深海に棲む生物はずっと謎だった。ようやくわかってきたのは、わずかこの一五〇年ほどのことだ。このあいだにわれわれの理解は少しずつ進み、知識が更新されていった。一八四一年、エーゲ海を探検したイギリスの著名なナチュラリスト、エドワード・フォーブスは、深海の暗黒にはいっさい生物は存在しないと結論を下した。だが、一八一八年に北極点に到達したジョン・ロスらの探検によって、水深二〇〇〇メートルまで調査され、そこには豊かで多様な生物が存在するという証拠がもたらされた。

ノルウェー南西部の海岸沿い、ヴェストランに近い、風が強い小島に住んだ親子もやはり、フォーブスの誤りを証明した。ミハエル・サーシュと息子のゲオルグ・オシアン・サーシュは、世界的にもかなり早い時期に、深海は生命のない海の砂漠ではないということを科学的に示した。ノルウェーが生んだ最高の科学者たちだ。恵まれた面はあるにせよ、やはりその努力の目覚ましさは変わらない。ミハエル・サーシュはベルゲンの町の西海岸のつつましい家庭で生まれた。情熱の対象は海の生命の研究だったが、その道には進もうとしなかった。[13] 彼はオスロに行き、神学を修め、有名な作家ヨハン・セバスチャン・ウェルハーヴェンの妹、マレン・ウェルハーヴェンと結婚した。

一八三一年に、ノルウェーの北西海岸にある、フォルデフィヨルドの端のキン島の牧師に任命された。そこでサーシュは、余暇のすべてを海洋生物の研究に捧げた。一八三五年には、大きな発見を含む「ベルゲン沖に棲む奇妙な新種の生物に関する記述と観察」という論文を発表した。ノルウェー議会〝ストーティング〟はサーシュの稀な才能を認め、奨学金を与えた。彼はヨーロッパ中を旅し、パリやボン、フランクフルト、ライプツィヒ、ドレスデン、プラハ、コペンハーゲンの大学で一流のナチュラリストたちと交流した。一八五〇年代はじめには、漕ぎ船に乗り、スクレーパー〔訳注：表面をこそげとるヘラ状の器具〕を使って地中海の深海を広範囲に調査した。彼は水深八〇〇メートルまで調査し、そこに存在する生物を発見した。

サーシュの発見は多くの人々を魅了した。ノルウェーの民話を友人のヨルゲン・モーとともに収集して世界的に有名になったペテル・クリスティン・アスビョルンセンもそのひとりだった。彼は古い物語を探して人里離れた山を放浪していたが、本当の関心はべつの場所にあった。かつては海洋生物学者になることを希望し、ミハエル・サーシュに憧れていたのだ。一八五三年には、「クリスティアーナ・フィヨルド沿岸の動物相に関する寄稿」という論文を発表している。現在のオスロフィヨルドの間潮帯の多様な生物を扱ったものだ。だが、アスビョルンセンがもっとも魅力を感じていたのは深海の生物だった。

論文が発表された年に、国家からの奨学金を得て、アスビョルンセンはヴェストラン〔訳注：ノルウェー南部の大西洋に面する地域〕を旅し、深いフィヨルドを調査した。まず、ノールホルダランのラドイ島にあるマンジャーで当時牧師をしていたサーシュのもとを訪れた。彼はサーシュを念頭に置いて、特別教授の職務を設置するよう働きかけていた。サーシュを説得してその地位に就かせると、アスビョルンセンは自らの海洋生物研究を開始した。その結果は動物学者たちの関心を集めた。

アスビョルンセンはハダンゲルフィヨルドの深海四〇〇メートルの場所から、自作の海底用スクレーパーを使って一一本の腕を持つヒトデを採集した。新しく発見されたヒトデは珊瑚のように赤く、「真珠貝のように揺らめいていた」。ヒトデの発見者であるアスビョルンセンには、それに命名する権利があった。彼は北欧神話の女神フレイヤが持っていたとされる美しい首飾り、ブリーシンガメンにちなんで〝ブリシンガ・エンデカクネモス（*Brisinga endecacnemos*）〟と名づけた。自在に姿を変えるトリックスターのロキが海底から引きあげたものだ。

アスビョルンセンは宝石のようなそのヒトデが新種だと考えていたが、ミハエル・サーシュは、それは疑わしいという見解だった。アスビョルンセンが正しかったことが判明するのはのちのことで、彼は自分が新発見をしたことをずっと知らずにいた[14]。

アスビョルンセンは勤勉だったが、追い求めた奨学金や地位をほとんど手に入れられなかった。海洋生物学者としてのキャリアは行き詰まり、終わりを迎えた。新たな計画を立てなければならなかった。彼は森にも不思議と惹かれるものがあり、一八五六年にドイツへ行き、タラントの王立サクソン森林学校で学んだ。すべての学科で最高の成績を収め、その後ノルウェーの森林と湿地に関する行政を推進することになる。

だがときには、人は正当な評価を受けることもある。ドイツの偉大な進化生物学者エルンスト・ヘッケルはミハエル・サーシュについてこう書いている。「彼を直接知る喜びを経験した者はみな、その生き生きとした精神、優しい心、精神の明晰《めいせき》さ、知識の幅広さを忘れられなくなる」。ノルウェーで最初の海洋調査船はサーシュにちなんで命名された。そして現在のノルウェーで使用されている、最新鋭の技術にあふれ、音響機器の妨げにならないようにきわめて静かなエンジンを積んだ海洋調査船の名は、サーシュの息子ゲオルグ・オシアンからとられている。

息子は、倦《う》まず弛《たゆ》まずノルウェーの海洋研究を切り拓いた父の仕事を引き継いだ。一八六四年、ゲオルグ・オシアン・サーシュは国家から給与を支給されたノルウェー初の〝海洋研究者〟になった。その年、彼はロフォーテン諸島、より正確にはスクローヴァへ赴き、そこを拠点にしてヴェスト湾の深海から多数のサンプルを引きあげた。

一八六八年にG・O・サーシュが研究結果を発表すると、国際的な科学コミュニティの注目を集めた[17]。なかでもとりわけ興味深いのは、のちに〝サーシュのウミユリ（*Rhizocrinus lofotensis Sars*）〟と名づけられたものだ。サーシュはロフォーテン諸島のウミユリを「生きている化石」と呼んだ。それは当時、科学者たちが進化論を裏づけ、地球と生命が誕生した年代を定めるための証拠を探していたことと関連している。

それでも、深海から複雑な生命が見つかったことが一般に受けいれられるには長い時間がかかった。一八五八年に大西洋の海底に電信ケーブルが設置されたとき、そのプロジェクトに参加していたある技術者は、そのころ生命は存在しないとされていた深海から引きあげられた測鉛線〔訳注：先端におもりがついており、水深の計測などに使われる〕にヒトデとグロビゲリナ（海底に大量に生息するプランクトンの一種）が付着していたと語っている。科学者たちはその発言を疑問視した。その多くは明らかに海底の生物であったにもかかわらず、引きあげられる途中でついたものだと主張する者もいた。だがすでに導火線には火がついており、いくつかの発見は、もう無視することはできなかった。

アスビョルンセンのヒトデとサーシュのウミユリはいずれも、一八六八年にスコットランドの著名な動物学者チャールズ・ワイヴィル・トムソンが、〈ライトニング号〉での探検の資金提供をロンドンの王立協会に申しこんだ文書に引用された。探検の目的は、スコットランド沖の深海を調査することだった。この探検で、彼らの発見は裏づけられ、さらに研究は発展した。水深一二〇〇メートルの地点からも興味深い生物が見つかった。

一八七二年、イギリスによるはじめての大がかりで近代的な海洋探検が行われ、もちろんトムソンも参加者に名を連ねた。高級船員や科学者を含めて二七〇名の乗組員を乗せ、〈ＨＭＳチャレンジャー号〉は四年間世界中の海を航海した。そして各地の水深を測り、海流を記録し、水温を計測した。外洋ではさまざまな水深が調査され、ミハエル・サーシュが発展させた方法でサンプルが集められた。

チャレンジャー号航海の調査結果は、近代海洋学の基礎となった。それに反する立場をとっていたイギリスの高名な科学者たちでさえも、深海には生命のいない領域があると主張しつづけることはできなくなった。実際に海底には何が存在するのかについて、メディアや一般向けの記事で激しい議論が交わされた。たとえば、一八八二年に刊行された『万人のための自然科学の説明』には、ヨーロッパの主要な科学者や専門家による記事の翻訳も掲載されていた[18]。とりわけ注目を浴びたのは深海だった。ウミユリの専門家でチャレンジャー号航海にも参加したイギリス人フィリップ・ハーバート・カーペンターは、こう書いている。「ほとんどの人間にとって、深い海の底は未知の領域だ。その驚くべき場所を直接自分で探検することはできないからだ」。カーペンターは資質に恵まれていたが、苦しみを抱えて生きた人物だった。慢性的な不眠症から精神を病み、一八九一年にクロロホルムを使って自殺した。だがカーペンターは、海中の光景を自分の目で見られたという点では過去の人々より恵まれていた。「われわれの調査によって、海底はとてつもない広がりを持ち、多くの点で、大地の表面とよく似ていることがわかった。山があり、谷や、起伏のある広い平野がある。成分は場所によって大きく異なる。荒れ地もあれば肥沃な地域もあり、森や崖があり、そして地上と同じように、さまざまな土地と環境のもと、多様な動植物が暮らしている[19]」

ところがカーペンターがこのように書いてから一〇〇年ものあいだ、海底の生命には多様性はなく、おもにナマコや蠕虫、微生物などしかいないというのが一般的な見解だった。今日でも、深海に達することのできる潜水艇は数少ない。新たな調査が行われ、海底に網を降ろし、あるいはスクレーパーでこするたびに、新種だけでなく、誰も見たことのない形態の生物が発見されている。捕獲されるものの多くがまだ記述されたことのない生き物なのだ。

最近まで死の領域だと考えられていた深海は、生命に満ちている。暗闇のなか、ほとんどの生物が自ら光を発する。想像しうるあらゆる色を使って、ほかのものをおびき寄せ、誘惑する。深海はつねにまぶしい光がきらめいている。暗い深海の生物は地上よりも多く、光の言語を用いた彼らのコミュニケーション方法は、地球上でもっとも広く使われている。たとえば、ミツクリエナガチョウチンアンコウ、またの名をブラックデビルは、イリシウムと呼ばれる〝ルアー〟を、頭の頂上（あるいは顎の下）から弧を描くように自分の目の前にぶら下げている。この魚は巨大な口を開き、そこから長く鋭い歯を出しながら、音を立てずに水中を漂う。体は数多くのアンテナに覆われ、それにより水のなかのわずかな動きも感知する。近寄ってくるものがあれば襲いかかる。

多くの生物はガラスのように透明だ。明るい場所では、わずかに小さな消化器官しか見えない。危険を察知すると、大量の海水を吸いこんでさらに透明になるものもいる。丸く、頭のない生物もいる。クダクラゲ目に属するある生物は、踊るように動くプラズマの紐かリボンのように見え、優美で調和した動きをしている。クラゲのコロニーであるマヨイアイオイクラゲ（*Praya dubia*）は長さ四〇メートルにも達することがあり、三〇〇〇個の胃を持つ。ヒロビレイカ（*Taningia danae*）は八本の足すべてに大きな発光器官があり、群れで行う狩りのときには、そのすべてが同時に光る。

獲物は巨大なクリスマスの装飾に襲われた気持ちになるだろう。別の深海に棲むイカ（*Heteroteuthis dispar*）は、頭足類の専門家には〝ファイアー・シューター〟と呼ばれ、捕食者に大量の光を浴びせて混乱させることができる。[20] ムラサキカムリクラゲ（*Atolla wyvillei*）は攻撃されると、まるで緊急車両のように数千の青い光を輝かせる。その光のショーは攻撃者の目をくらませて混乱させ、同時により大きな捕食者をおびき寄せる。そしてそれが困惑した周辺の動物を飲みこむことで、クラゲは危険から逃れる。

深海の種が発する生物発光には青色が多い。それが海のもっとも深くまで到達する色だからだ。海が青く見えるのもそのためだ。深海に棲むほとんどの生物にとって、唯一認識することのできる光は青だ。クレナイホシエソの一種（*Pachystomias microdon*）は青だけでなく、赤い光を使う。この魚は赤い光によって、スポットライトを当てていることに気づかれることなくほかの動物に近づくことができる。また、ホウキボシエソの一種（*Malacosteus niger*）は〝震える口《ウォブルマウス》〟と呼ばれる。その下顎はパチンコのように伸縮し、歯を使って目にも留まらぬ速さで獲物を捕らえることができる。

多くの種は、交尾の相手を探すために光を使う。信号を送ることで、同時に捕食者の注意も引いてしまうため、それは安全な方法とは言えない。ほかの種が交配相手を呼ぶのに似せた信号を発する狡猾《こうかつ》なメカニズムで、おびきよせて食べてしまう捕食者もいる。

海のなかでは、敵はどの方向から、いつ何時襲ってくるかわからない。そのため数百メートルの深さに棲む魚の多くは腹部にカモフラージュのための光を持ち、上から見ても下から見ても海水に溶けこんでいる。巧みな防御メカニズムだが、これで存在に気づかれてしまうこともある。バクテリアによる光と泳いでいる獲物の光を区別することができる生物に見つかると、姿を隠すことはできない。

水深五〇〇メートルで生息するあるナマコは、攻撃されると皮を脱ぎ捨てる。両面テープのようにまとわりつく皮に絡まっている敵をよそに逃げる。毒や針を使うものもいる。深海の動物は、決して単純でもかわいらしくもない。

深海に潜ったことのある人は、宇宙へ出たことがある人よりも少ない。月面や、火星の乾いた海についてのほうが、多くのことが知られている。もし冷たく暗い深海を泳ぐことができたら、きらめく星に囲まれた宇宙で漂っているように感じられるだろう。鮮やかな色の魚が腕で海底を歩いている。キワ・ヒルスタは白い毛皮をまとっている。ヒレナガチョウチンアンコウの一種（*Caulophryne polynema*）は釣り竿《ざお》を頭の上に乗せ、メトロノームの振り子のように前後に振り、その先に誘うような光を灯している。どんな生物よりも強い光を発しているのはオニアンコウの一種（*Linophryne arborifera*）で、鼻先から上に伸び、顎の下からはバーベルという茂みのような突起物が出ている。ちなみにこれは雌のことだ。雄は小さく、早い時期に雌の腹に食いついて寄生するようになる。そのまま雌の血液から栄養を得て、その見返りにときどき射精して生涯を過ごす。

ダイオウイカ（*Architeuthis*）は高速で水中を、おそらく海底からわずか数メートルの深さを水平に泳ぎ、腕は水の抵抗を減らすように後ろに集め、皿ほどの大きさの目は決してまばたきしない。そのウォータージェット推進装置とカモフラージュの方法は、アメリカ海軍もうらやましがるだろう。

海中のどの層でも、有機物がつねに雨のように、いやむしろ雪のように降っている。目眩《めま》いがするほどの数多くの特殊な生物が、上から降ってくるものを利用している。[21] この数年のあいだに、無作為にサンプルを採取しただけで無数の新種が発見されており、この生態系だけでも数百万種の生物を含むのではないかとも考えられている。たしかに海の生物のうち多くは水面に近い場所にいる。だが、深海にはそれ以上の種が生息しており、それらはおそらく異星や、現在とはルールの異なる遠い過去に生まれた生物のように驚くべき性質を持っているだろう。まさにファンタジーの世界だ。深海では、生命はいつまでも覚めない夢のなかにいるかのようだ。

7

ヴェスト湾の真ん中まできたところで、ヒューゴにボートを止めてもらい、サーマルスーツを脱ぐ。これまでこの海では、暑さを不快に感じたことはなかった。近づいてきたロフォーテン・ウォールは靄《もや》でかすんでいて、まるで氷でできた山が柔らかくなり、少しずつ溶けはじめたかのように見える。

ボートがふたたび動きだすと、何マイルも先のやや右舷側に、水柱が海面にまっすぐ立っている。振りむいて合図するとヒューゴはうなずき、最高速に上げる。そして日を浴びて輝く、滑らかな浅瀬の小島のように見えるものに近づいていく。ただしここは外洋で、小島などあるはずもない。しかも、それは動いていた。ネズミイルカなら何度か見たことがあるが、明らかにちがう。ヒューゴは声に出して考えはじめる。

「うん、ミンククジラではないな。ゴンドウクジラの群れか?」

数百メートルのところまで近づくと、どうやらそれもちがう。前方にいるものには、ゴンドウクジラにはあるはずの背びれがない。それに群れてもいない。一個の巨大な生き物だ。一瞬、潜水艦ではないかと思う。ヒューゴは身じろぎもせずそれをじっと見つめ、口をぽっかりと開けながら自分の心のなかのクジラのカタログのページを必死でめくっている。二〇〇メートルほどに近づいたとき、ヒューゴが声を上げる。

「マッコウクジラだ!」

目の前にいるのは、ハクジラ類で最大の体長を持つクジラだ。近づくと、背中が弓なりに曲がる。一〇〇メートルまで近づくと、最後にもう一度潮を吹き、頭から海中に潜る。尾びれと体の後ろの部分が海面から垂直に立ち、岩に刻まれた彫刻のように象徴的な姿を見せ、海中に沈む。クジラは消えた。まるで誰かが糸を引き、深淵に引きずりこんだかのように。

ヒューゴはモーターのスイッチを切る。五〇年ものあいだこのヴェスト湾の海で過ごしてきた彼は、その動物相の一部とさえ言っていい。その年月には、ほとんどあらゆるものを目にしてきた。ミンククジラやイルカ、ネズミイルカは言うにおよばず、ゴンドウクジラの群れも日常的に見ている。だがそれでも、マッコウクジラはまだ見たことがなかった。

いまはただ待つだけだ。マッコウクジラは肺呼吸をする生き物のなかでもっとも長く、九〇分間息を止めていられるが、やがてまた海面に上がってくるだろう。


マッコウクジラ（*Physeter macrocephalus*）は、単に世界最大の肉食動物であるだけではない。これまで地球上に存在した最大の肉食動物だ。ティラノサウルスや巨大ザメのメガロドン、クロノサウルスの比ではない。それらより体重も重く、体長も大きい。ほかの巨大クジラを含め、かつて地球上に生き、または現在生きている、ほとんどどんな動物とも比較にならない。

われわれが見たのは、およそ体長二〇メートル、体重五五トン以上の単独行動の雄だ。雌雄の体は似ていない。雌は雄のわずか三分の一ほどの体重で、子育てのために群れで生活し、一頭が潜って餌を探すときには群れで子供を守る。若い雄は集団で行動する。繁殖適齢期は三〇歳ほどで終わる。それまでに、雄はもう充分に仲間との暮らしを味わっている。そのときから、雄は世界中の海をわたる孤独な狩猟者になる。われわれが出会ったのは、はるばる南極海から泳いできたクジラかもしれない。雌の群れに会えば交尾をすることもあるが、それが終わるとすぐにまた出発する。雄どうしが遭遇すると攻撃しあうこともある。たとえ落ち着いた状態でも戦いになるのは、性的な欲求が満たされていないせいだろう。ヒューゴによれば、盛りのついたマッコウクジラは発情期のゾウのように暴れることがある。

待っているあいだ、海に潜ったあのマッコウクジラは何をたくらんでいるのだろうと考える。タコや、最大で四五〇キロにもなるダイオウイカを捕っているのかもしれない。深く潜りながらタコを歯で捕まえ、海底に叩きつけたかもしれない。潜るときに餌が見つからなくても、浮上するときにも捕まえるチャンスはある。海底近くでクジラは仰向けになり、海面からのかすかな光でできる影を探す。マッコウクジラは頭についたソナー・システムで魚やイカの群れの場所を知る。何かに気がつくと、クジラは速度を速め、ヒューゴとわたしがいま腰を下ろしているボートなら横向きにくわえられるほどの大きな口で獲物をひと飲みにする。

海岸に打ちあげられたマッコウクジラには、ときに直径二〇センチ以上の深い吸盤のあとが残っている。人類はいまだマッコウクジラとダイオウイカの戦いを目撃したことはないが、観戦できるとしたら、チケットはすぐに完売するだろう。ダイオウイカは長いあいだ架空の怪物と考えられていた。八本の足は、それぞれが最大で七、八メートルにも達する。ほとんどあらゆるものを破壊できる、醜く硬いくちばしを持っている。ジュール・ヴェルヌによると、この巨大な生物は、復讐《ふくしゅう》の女神エリニュスの髪の房のような腕を持っている。ダイオウイカと目を合わせるのは簡単だ。その丸い目はとても大きく、まぶたはなく、瞬きもしないためだ。

マッコウクジラの頭部の前面には、動物界で最大の音響発生装置がある。それだけで重さ一一トンはある代物だ。そこから発せられるクリック音は、最大で二三〇デシベルが計測されたことがある。耳もと一〇センチほどの位置でライフル銃が発射されたくらいの音量だ。雄はこうした大きな音で鳴くが、雌はもっと速く、ある種のモールス信号のような音を発する。

マッコウクジラは進化のチャンピオンとして、胴に巨大なベルトを巻いて悠然と泳ぎまわっているはずだ。それでも、敵は存在する。産む子供の数はほかのどの種類のクジラよりも少なく、何年もの時間をかけて育て、餌を与え、守らなくてはならない。子供や傷ついた大人は、シャチやゴンドウクジラの群れに攻撃される。そうした状況では、いわゆる〝マルゲリータ（ヒナギク）・フォーメーション〟をとり、体の大きなものが子供たちの外側に花びらのように円形に並ぶ。そうすることでどの方向にも向くことができ、ひれと歯の両方を武器にして攻撃者に対することができる。また、より速く泳ぎ、敏捷《びんしょう》なシャチが子供を孤立させることを防げる。孤立すれば、死からは逃れられない。[22]

マッコウクジラは哺乳類ではもっとも深く、三〇〇〇メートル近くまで潜ることができる。[23] その深さでは、肺は圧迫されてほぼ平らになる。頭のなかには大きな空洞があり、深海へ潜水するときには脳油（鯨油）の温度が下がって凝固し、密度を増すことによって圧力が一定に保たれている。海面に近づくと鯨油の温度が上がって液体になり、浮上できるようになる。一〇〇年ほどまえに合成物質による代替品が発明されるまで、鯨油はもっとも価値の高い油だった。純粋で、透明で、香りもよい。大型のマッコウクジラは最大で二〇〇〇リットル近い鯨油を持っている。最上級の蠟燭《ろうそく》や石鹸《せっけん》、化粧品がこの淡いピンク色の、光沢がある、人間の精液のような液体からつくられる。また、高価な精密機械の潤滑油にも用いられる。

体のほかの部分にも高い価値がある。一頭から数十トンの脂身や肉が採れるし、大きな歯は象牙にも劣らず高い値がつく。捕鯨を行う漁師たちはその巨大なペニスの皮で、レインコートをつくって着ていたそうだ。それだけではない。マッコウクジラは地球上でこれまでに生きた生物のなかで、もっとも大きな脳の持ち主でもある。その重さは、人間の脳の六倍にもなる。ちなみにペニスのほうは数百倍だ。

そのうえ、マッコウクジラの消化管からは、竜涎香《りゅうぜんこう》という物質が分泌される。竜涎香は香水に使用され、マッコウクジラから採れるもののなかでももっとも高い価値がある。この物質に幻想的なイメージを抱く人は多い。かつて、海に流されたり、引き潮で海岸に漂着した竜涎香は、海の怪物が吐きだしたものだと考えられていた。ヒューゴは竜涎香（彼らはそれを〝クジラの琥珀《こはく》〟と呼んでいた）を間潮帯で見つけたことがある。特徴的な、かすかに甘い香りのする、光沢がある灰色の塊だったそうだ。

　マッコウクジラは需要が高く、盛んに狩猟されたため、絶滅の危機に瀕した。アンドヤ島の北の端にある重要な漁業拠点アンデネスの沖で、マッコウクジラは一九七〇年代まで盛んに捕られていた。捕鯨砲が登場する以前、漁師たちは巨大な銛でクジラの体を突き刺し、それから鯨ひげを捕まえていた。だが、取り逃すことも多かった。重要な器官さえ無事なら、銛をぶら下げたまま、クジラは何年でも泳ぎまわった。


　わたしとヒューゴのまわりは静かで、ボートに打ち寄せる目に見えない海流の優しく心地よい音だけがしている。どこかで水が下から海面を叩き、窪みと浅瀬の上で輝く[24]。海は一枚の光の板だ。あまりの明るさに、それ自身が光を発しているかのように見える。西のほうでは、中身のぎっしり詰まった団子のように海が膨らんでいる。地球が描く弧だ。まだマッコウクジラの気配は感じられず、普通の日なら、もう一度それを見るチャンスはほとんどなかっただろう。だが今日は普通の日ではない。海は静かで、空は晴れわたっている。八キロ離れていてもマッコウクジラの巨体を見つけられるはずだ。

　ヒューゴはわたしに、前世紀にこの地域で起きた出来事を語る。大家族を乗せ、教会へ向かっていた小型ボートをマッコウクジラが襲ったという話だ。ロタヴィカからライネへと向かう途中、ボートは粉々にされた。生き残ったのは一六歳の少女だけで、あとは全員溺れ死んだ。少女が着ていたドレスのあいだに空気が溜まり、海に浮かんだためだ。

地元の歴史家は、大筋でこの話を認めつつ、マッコウクジラがニシンを食べているときに偶然ボートに衝突したのだろうと考えている。

だが、一八二〇年に捕鯨船〈エセックス号〉が南太平洋でマッコウクジラに攻撃されたのは、事故などではなかった。全長八七フィート（約二六・五メートル）のその船に乗っていた乗組員は、クジラの体長は八五フィート（約二六メートル）ほどだったと推定している。彼らはそんな巨大な動物を見たことがなかった。長いこと、そのクジラは〈エセックス号〉の前方を、距離を保って監視するかのように穏やかに泳いでいた。ところが突然、船に向かって全速力で突進し、ものすごい力で船首に衝突し、穴を開けた。甲板にいた船員は倒された。その直後、クジラはもう一度攻撃し、船首の反対側を粉砕した。クジラは二六二トンの船が沈没するまでそれを繰りかえした。一級航海士のオーウェン・チェイスをはじめ、半数以上の乗組員が生き残った。チェイスはそのときの顚末《てんまつ》を、一八二一年に出版した『捕鯨船〈エセックス号〉の恐るべき悲惨な難破の物語（*Narrative of the Most Extraordinary and Disturbing Shipwreck of the Whale-Ship Essex*）』という本で冷静に記述している。

大型船がマッコウクジラに沈められたことが書かれた本はほかにもある。だが〈エセックス号〉の物語がとりわけ有名になったのは、それに触発されたハーマン・メルヴィルがモビー・ディックという白いマッコウクジラに関する本を書いたためだ。この本は捕鯨や、クジラの行動についての年代記のような章で埋まっている（「マッコウクジラの頭」「クジラの骨格測定」「クジラの巨大さは減じたか？」などなど）。語り手のイシュメールによれば、この白いクジラはエイハブ船長にとって、ある種の「深遠な」洞察力を持つ人々が自分を食いつくすと感じる、あらゆる悪の力の化身だった。

世界のはじめからそこにある、得体の知れない悪。現代のキリスト教徒でさえ世界の半分はその支配のもとにあると考え、古代のオフィス派が蛇をかたどった像のうちに崇めた悪。だが、エイハブは彼らのようにそれに屈し、崇拝することはなく、熱に浮かされたようにそれを恐ろしい白鯨に転嫁した。彼は満身創痍《い》でそれと対峙する。怒りをかきたて、苦しめるすべてのもの、物事の滓《おり》をかき回すすべて、活力を奪い、思考を停止させるすべて、生と思考に関するあらゆる悪魔崇拝、邪悪なるものの一切が、正気を失ったエイハブには、擬人化されたモビー・ディックのなかにありありと見えており、それゆえ攻撃すべき対象になった[25]。

エイハブ船長は正気を失っており、その狂気は伝染性のものだった。乗組員全員がクジラを、同じように敵とみなした。イシュメールは（著者メルヴィルが直接読者に語りかけているため）気づいていないが、モビー・ディックは乗組員たちの「無意識の了解事項」であり、「命の海を泳ぎまわる大いなる悪魔」だった。

われわれの内部には、その土壌を掘る坑夫がいる。あちこちを音もなく掘るつるはしがどこに向けられるかを、どうすれば言いあてることができるだろう？　それに抗いがたく引き寄せられない者などいるだろうか[26]？

乗組員はみなエイハブの指示に従う。全員のなかに同じものがあったからだ。それは世界と、周囲のあらゆるものを破壊しようとする、祖先から受け継いだ、本能的な殺人の力だ。その力はまた、自分自身をも破壊する。メルヴィルの時代、モビー・ディックは数万頭という単位で捕獲され、絶滅の危機に瀕した哺乳動物であり、同時に、人間の性質に潜む暗い力をも表していた。復讐への欲望、あるいは真理と、「無垢《むく》の」自然を支配することを偏執的に追い求めようとする欲望に似ている。エイハブがクジラを追っているのであり、その逆ではない。結局彼は、自分の首に絡まった銛の綱とともに海に引きずりこまれる。そして、ついに巨大な白鯨と一体になる。

一八七〇年代から一九七〇年代のあいだに、さまざまな種類の二億頭以上のクジラが世界中で捕獲された。わずか数十年のあいだに、数万頭の個体がいたロフォーテン地方のクジラは激減した[27]。ラルヴィク、トンスベリ、サンネフヨルに拠点を置くノルウェーの会社は、北極海やオーストラリア、アフリカ、ブラジル、日本の沖で五〇年以上にわたり商業捕鯨を行っていた。ノルウェーの造船所で巨大な工船が造られ、効率のいい鯨油精製炉（かつては〝トライワークス〟と呼ばれていた）が南太平洋のサウスジョージア島や南極海のデセプション島に移設された。一九二〇年には、デセプション島のみで、一台に一〇〇〇リットルの油を入れることができる圧力鍋が三五〇台設置されていた。シロナガスクジラは、絶滅危惧種に指定される以前は、ほかのクジラとともに毎シーズン数千頭が捕鯨船で捕獲されていた。雌の子宮内の胎児は、切り離され、焼却された。操業を始めてから何日が経過したかは、時間ではなく、捕獲したクジラの頭数と精製された油の量で計算された。巨大なうねりを上げる精製炉からは、煙と蒸気が空に分厚い毛布のように立ちのぼった。一頭のシロナガスクジラの体内には七五〇〇リットルもの血が流れている。クジラの皮を剝《は》ぎ、油を採る男たちは、四か月のシーズン中、休みなく脂身と血と肉をかき分けつづけた。

死と腐敗の臭いは筆舌に尽くしがたい。精製炉と工船はしばしば操業を続けることが不可能になった。前浜にクジラが放置され、その肉が悪臭を放ち、ガスが体を飛行船のように膨らませるためだ。その死骸に穴を開けたり、自然と破裂したりすると、気を失うほどの臭いがする。周辺の海岸は巨大なクジラの墓場と化し、無数の腐敗した死骸、骨格、骨が並んでいた。その臭いは決して消えないという。数十年経っても鼻の奥にずっと残っている。(28)

クジラは遠く離れていても意思疎通ができる。だが船の数が増えるにつれ、それはしだいに困難になってきた。とはいえこの問題は、「世界でいちばん孤独なクジラ」の境遇に比べれば、まだ救いがある。ナガスクジラは普通、周波数二〇ヘルツで意思を伝達し、その周波数に近い音のみを聞きとることができる。ところが数年前、研究者たちは特殊な障害を持ったナガスクジラを発見した。そのクジラは、五二ヘルツの周波数で鳴く。つまり、ほかのクジラにはその音が聞こえないため、ナガスクジラの交流から締め出されてしまっているのだ。ほかの個体は、そのクジラが何も話せないか、別の種か、社交性のない変わり者だと思っているだろう。「世界でいちばん孤独なクジラ」は、いつも独りだ。ほかの個体が通る、世界中の海の移動ルートに従うこともない。(29)

子供のころ、ヒューゴはあらゆる種類の釣り道具を積んだ〈クヴィトベリ二号〉でよく海に出た。解禁されている期間には、クジラも追った。一度、波止場で、ヒューゴは捕鯨からもどってきた漁師がゴンドウクジラを捌《さば》くのを見たことがある。血管が切られ、彼の記憶では、波止場に血が飛び散った。ところが、ヒューゴはその後この記憶が疑わしいと思うようになった。クジラは〈クヴィトベリ号〉がバレンツ海からもどってくるまでに三〇キロの大きな塊に切り分けられていたはずだからだ。彼が見たのは、ヴェスト湾で捕れたクジラだろうか。ともかく、体内の血管は電気機器のケーブルのように太く、まっぷたつに裂かれた心臓がはっきり見えたのは間違いない。ヘルネスンの波止場で待ちかまえていた作業員は搬送用のフックを持っていて、それを突き刺し、埠頭の上を冷蔵倉庫まで引っ張っていった。

あのマッコウクジラはどこへ行ったのだろう？　ボートのまわりには、急にニシンが群れはじめた。海面が穏やかなため、遠くにいる魚の大群が見える。引き網を乗せるにはもっと大きな船でないといけないから、もちろんこのボートにはないのだが、もしそれがあったら、何トンものニシンを引きあげることができただろう。海鳥が魚の上に降りてきて、飛びあがれなくなるほど食べている。ミズナギドリ科のフルマカモメや、ウ、ホンケワタガモ、カモメがいる。キョクアジサシも、低くボートの横を飛んでいく。毎年南極から北極へ渡り、またもどる鳥だ。

海は優しくささやき、太陽は暖かく照らし、空気は澄んでいる。いたって平和だ。記憶にとどめておき、数年後にでも思い返したい一日だ。だがたったひとつ、理想の光景を損なうものがある。ハイランド種の牛だ。臭いが袋から漏れている。ヴェスト湾全域に広がっていきそうだ。数羽の海鳥が、ボートに近づきかけて空中で引き返していった。実際に気絶したかのような、おかしな飛び方をした鳥もいた。そろそろ四五分になる。あのマッコウクジラはわれわれの目を盗んでどこかで海面に浮かび、ふたたび潜ったのだろうか？

ヒューゴとわたしがノルウェー語の〝ウミスズメのように酔う〟という表現の起源について話していたとき、遠くで轟くような音がする。腰を下ろして黙って耳を澄ませる。もう一度音がする。

「崖崩れみたいな音だ。浜で派手に爆弾を爆破させているにちがいない」ヒューゴはカベルヴォーグのほうを向いて言う。

ふたたび、雷のような音が海面を伝ってきた。教会のパイプオルガンのいちばん低い音を思わせるが、もっと湿り気があって、水がごぼごぼと鳴る音も混じっている。海岸での爆破作業の音ではない。クジラが大きな肺で空気を吸い、吐きだしている音だ。

「あそこだ！」とヒューゴは言い、片手で北を指すと、反対の手でイグニッション・キーを回す。はるか遠くの海面で水が吹き出ており、ヒューゴはボートを全速力で発進させる。数分後、クジラの近くに着く。ほとんど動かずに息だけをしている。吐くたびに轟音がし、頭の先の左側にある潮吹き穴から消火栓のように水しぶきを上げる。息を吸うと、高速で走る車の窓を開けたような音がする。その合間に、轟音が鳴り響く。ランボーが「発情した怪獣ベヒモスのうなり」と呼んだ音だ。

クジラは前後にいくらか体を揺すり、奇妙に節くれだった体の表面を見せる。バスくらいの大きさだ。海面に浮かんでいる部分だけで、ボートの二倍ほどもある。海中に見えている頭はロシアのコラ半島と同じ形をしている。目はかなり深いところにあって見えないが、こちらを観察しているのは間違いない。

アフリカ、インド、インドネシアを旅するうちに、わたしは自然や野生動物に、さほど感激することもなくなっていた。だがいま、この場に腰を下ろして目を見張り、この生物の大きさと力に呆然としている。しばらくしてようやく我に返り、カメラを手に取る。

ヒューゴはさらにボートを近づける。わたしは心配になってくる。クジラが気分を害して尾をボートに打ちつけたらどうなる？　船外機のプロペラが回ったたまま、宙に高く飛ばされるだろう。海岸までは遠い。だがヒューゴは、クジラの前方に寄り添っていれば大丈夫だと考えている。

ヨナとクジラの話は多くの人が知っているだろう。ジョージ・オーウェルもまた、「クジラのなかで」というエッセイで同じ経験を寓話的に書いている。

歴史上のヨナ(という呼び方をするなら)はありがたいことに脱出できたが、想像や白昼夢のなかでは、無数の人々が彼をうらやんだ経験を持っているだろう。その理由はもちろんはっきりしている。クジラの腹のなかは、大人が入ることのできる子宮なのだ。暗く、体になじむ柔らかい場所で、厚さ数メートルの脂肪で現実と隔てられ、何が起きようとも、完全に無関心でいることが許される。世界中の戦艦が沈むような嵐でも、ほとんど響いてくることはない。クジラの動きすら感じとれないかもしれない。波間を泳いでいるのかもしれないし、海の真ん中(ハーマン・メルヴィルによれば、水深一六〇〇メートルのところ)の暗闇に潜っているのかもしれないが、その違いはまったく感じられない。死をのぞけば、究極の、ほとんど責任を免れた状態だ。(30)

一五分にも感じられたが、おそらく三分ほどで、マッコウクジラは潜りはじめる。巨体の前の部分を弓なりにして準備する。三メートルほどのところで、クジラは鼻を下へ向け、つづいて胴体が海に沈んでいき、われわれの目の前で三日月型の尾びれが海面に立つ。そして音もなく消える。

そのとき、不思議なことが起こる。ボートの前方、マッコウクジラが潜ったところから二〇メートルほどで、強い電場のように海面が揺れ、小さな渦巻きや海流ができる。クジラがこっちに向かってきたのだ。わたしはパニック状態であることを隠そうともせずにヒューゴを見る。ヒューゴも気づいていて、スロットルレバーに手をやり、近づいてくる巨大な力から逃れる。

急にすべてが静かになる。海全体がまた青いクロムのように輝き、穏やかさを取りもどす。マッコウクジラは深海へと潜っていく。

ニシオンデンザメを捕まえる？　マッコウクジラと出会ったいまとなっては、それはなんの変哲もない釣り旅行へいく程度のことに思える。

8

ようやくニシオンデンザメの本格的な探索が始まる。海図を確認して三角測量し、現在地を調べる。小島の外側に張りだした円錐の標石、スクローヴァの灯台と、湾の反対側の氷河ヘルダルシセンの頂上にあるスタイグベルゲットというふたつの海岸のランドマークを使う。およそ事前に計画していた場所に着く。わたしは腸と腎臓、肝臓、スジ、骨のかけら、関節、脂肪、腱《けん》、ハエの幼虫と蛆《うじ》が入った袋に穴を開ける。その瞬間に胃のなかのものをもどしてしまう。すでに書いたとおりヒューゴは吐くことができないが、吐けるならそのほうがましだという顔をして船のいちばん離れた端にもたれかかっている。五袋中四つを船縁の外に出す。底に岩が入っていて、袋は海底に沈んでいく。五つ目の袋には、針につけて餌にする肉片が入っている。

このあたりの海は三〇〇メートル以上の深さがある。地方史の本で、漁師はかつてニシオンデンザメが餌に食いつくのを二四時間待ち、それから捕まえたと読んだことがある。本当はその必要はないのだが、同じようにするつもりだ。ニシオンデンザメが八キロ以内の場所にいれば、深海に沈んでいるご馳走《ちそう》のにおいを嗅ぎつけるのは時間の問題だ。ほかのサメと同じように、ニシオンデンザメもにおいを「立体的」に嗅ぎとり、かなり正確にそのありかを突きとめることができる。いまのところ波はないが、スクローヴァの海流はいつも強い。ここから、牛の内臓のにおいは風に吹かれたように海流に乗って広まっていくはずだ。その考えが正しいかどうかは明日になればわかるだろう。

ニシオンデンザメの捕獲は第一次世界大戦中に再開された。貧しい人々は肉を食べ、肝臓には灯油や医療用の油など、さまざまな利用法があった。ヒューゴの曾祖父のノーマン・ヨハンとその息子のスヴェイン、ハグバート、スヴェレはこの地域でも早くからニシオンデンザメの油を製造していた。それはつまり、ヒューゴの血に含まれているものなのだ。ニシオンデンザメの捕獲が終わって五〇年が経ち、その伝統を誰かが受け継ぐとしたら、それはヒューゴをおいてほかにないだろう。

RIBの向きを変えて、小さな岩のような島に立つスクローヴァ灯台に近づく。ニシンの大群のあいだを、音を立てて進む。魚はボートのまわりを銀色に輝きながら飛び跳ねる。ここでは海が完全に静まることはないが、今日はこれ以上ない穏やかさだ。浜に近づくと、裸の岩にほとんど感じ取れないほどの波が、音もなく、休みなく打ち寄せている。海面はアスピック油〔訳注：ラベンダーを原料とした揮発性の油〕のような粘り気で、ゆっくりと動いている。

地元では〝クヴァルホグダ（クジラの頂）〟と呼ばれている小島の近くで、夕食用に何か釣ろうと普通の釣り糸を垂らす。ゆらゆらと沈んでいくオモリを魚が止めるのが感じられる。海面のニシンは動物プランクトンを目で追う。ニシンの下ではポロック〔訳注：タラ科の魚〕がやはり動物プランクトン目がけて泳いでいる。ニシンと動物プランクトンとポロックの下には、もっと大きな魚がいる。針にかかったポロックにオヒョウが食いつき、皮を引きちぎったが、惜しくも逃してしまう。

サルトヴェール島とスカルフスン島という二つの小島のあいだの狭い海峡に入り、スクローヴァに向かう。それはひとつの島ではなく、いくつかの小島の集まりだ。一〇〇年のあいだ、スクローヴァの漁村はこのあたりの漁業と捕鯨の中心地だった。理由は、地形と位置にある。海にせりだした、ヴェスト湾の釣りに適した堆と捕鯨場のほぼ真ん中だ。安全な港もある。

現在、スクローヴァには二〇〇人以上が暮らしている。漁業の陸揚げ拠点はタラ漁のシーズン以外は閉まっているが、島には養殖サケの処理工場がある。また春にヴェスト湾で捕れるミンククジラは、ほとんどがスクローヴァのエリンセン・シーフードが運営する近代的な工場へ持ちこまれる。

スクローヴァには自然の良港があり、湾への入り口は長さも幅も理想的だ。ヘイムスクローヴァ島の建物は互いに寄り添って親密な田舎の村らしさを醸し出しているが、その光景は、この極北では珍しい。伝統的に、フィヨルドの沿岸など、もっと広い土地では、ノルウェー北部の人々は家を互いに離れたところに建てる。それはそれぞれの家屋に、畑や牛小屋、牧草地のある小さな農場と、海岸沿いにボートの停泊所がなくてはならないからだ。スクローヴァにはほとんど牧場はなく、建物はたいてい、漁村と周囲の小島に寄り集まっている。寒冷地では、人と一緒にいるのは心地よい。

島はいつも海から光を浴びている。RIBで湾に入っていくと、真っ先にオーショル・ステーションが見える。リショルメン島にあり、三方を海に囲まれていて、自然とそこへくる者全員の視線を集める。この季節、太陽は二四時間ずっとオーショル・ステーションを照らしている。漁業ステーションが回転し、いつも太陽の方向を向いているかのようだ。

前回きたときには、何もかも海に沈んでいくように思えた。波止場と柱は朽ちかけていた。数十年放置されていたため、建物は崩壊しかけていた。

いまでは、新しい木材とアマニ油の香りがしている。埠頭全体が真新しい。埠頭と建物の柱はいずれも、海水で腐ることのないポプラだ。建物の壁は白く塗られ、そのため何キロ先からでも目に入る。背景には、海からリレモーラ山の黒い山並みがそびえている。このような条件では、クリスチャン・クローグが画架を置くのをためらったのも無理はない。べつのノルウェー人画家ラース・

ヘルテルヴィク（一八三〇～一九〇二年）は、どうして正気を失ったのかと医者に問われ、「あまりに強い光のもとで風景を眺めすぎ」、その風景を正確に写生するための「よい絵の具がなかったから」と答えている。(31)

ヒューゴとメッテはその建物のうちの一棟の二階で、一九七〇年代に漁業ステーションの従業員のために建てられた小さな二部屋に住んでいる。居住用になっているのはごく一部で、ほとんどは広いオープンスペースだ。そこには何トンもの釣り糸、網、引き網など、大型漁船や魚の陸揚げ拠点、タラ肝油製造所に必要なあらゆるものが置かれている。建物の両側には、屋根裏から両開きの扉のついた屋根窓が突き出ており、直接船へ道具を降ろし、また船から上げられるようになっている。

屋根と埠頭と外壁はすでにできあがっている。二、三年のうちに内側も完全に改装が終わるだろう。計画では、ステーションはレストランや宿泊施設、芸術家のための静養所になることになっている。ヒューゴはまた小規模な魚の陸揚げ拠点を開き、昔ながらの原材料の取り扱いを見学する訪問者を受けいれることを考えている。それは予算のかかる大胆な冒険であり、たとえ成功する可能性があるとしても、銀行の協力など、各方面の支援がなくては叶わない。メッテとヒューゴはすでにスタイゲンの自宅を抵当に入れている。この先何年もの重労働が待ちかまえており、しかも失敗のリスクもある。

スクローヴァは単に海に近いだけではない。海のなかにある。オーショル・ステーションの柱は、海と陸の両方の上に立っている。浜から入るには、隣の波止場から入らなくてはならない。大潮のときには、低気圧と西風のため、ステーション全体が海に浮かんでいるように見える。

「この家はホラ貝のように、海のうなりとともに打ち寄せる。絶え間なく、大洋が陸に向かってくる、今日も、昨日と同じように(32)」

9

その晩、ヒューゴとメッテとわたしはスクローヴァの漁師の長老アルヴィド・オルセンを訪ねる。スクローヴァのほかの人々と同じように、オルセンの家は一軒家だ。集落の中心からはずれたところに、一九五〇年代から住んでいる。小さく心地よさげで、周囲を大きな石で防護された素敵な庭がある。スクローヴァでは、山や崖の麓で防護壁のあるところはどこでも、樹木や観賞用の低木といった植物の種類が豊富だ。その多くは、南方からもたらされたものだ。また、カエデやペルシアン・ホグウィード（ハナウドの一種）は、ロシア北西部のポモル族とノルウェー北部の、南はボードーまでの海岸沿いの人々の交易を経由して東方から入ってきたものだ。植物は村の裕福な船長や魚の仲買人が輸入した。一九三〇年代に、ある水夫がはるかオーストラリアから持ちこんだユリが、いまもあちこちの庭で育っている。この極北でそうした植物が育つのか疑問に思われるだろうが、海では、凍てつくような気候はほとんど長続きしない。

オルセンの家の前を通るときに気になっていたのは、スクローヴァでは珍しいことに、カーテンがいつもかかっていることだった。だがヒューゴに尋ねたことはなかった。玄関をノックすると、返事がない。ついに、家のなかへ入り、キッチンの扉をノックした。オルセンは居間から出てくると、ノックの音は聞こえていたが、そんなことをするのは南部からきた人間だけだと言った。われわれが南部の人間でないと知っていたので、ちがう人間がきたのだと考えたらしい。

テーブルには、彼の息子とその嫁が夕方に持ってきたケーキがあった。今日はオルセンの誕生日なのだ。もうすぐ九〇歳だが、会ってみると、とてもそんな歳には見えなかった。若さを見せつけるかのように、オルセンは手をすばやく突き出し、飛んでいるハエを捕まえようとした。

オルセンは十代のころから六五歳になるまで漁に出ていた。手釣りや数十の針をつけた延縄《はえなわ》や網で、タラやサケ、ポロック、オヒョウを捕まえていた。だがこれまでいちばん楽しかったのはマグロ釣りだ。巨大なタイセイヨウクロマグロ一頭で、乗組員ひとりにつき三〇クローネ〔訳注：日本円でおよそ四五〇円〕になったという。ちなみに、最上のタイセイヨウダラ九キロほどで、二七オーレ〔訳注：日本円でおよそ四円〕が相場だった。乗組員はクロマグロの顎の辺りの肉だけを食べていたという。

病気のため、二〇年ほど前にオルセンは漁をやめた。心臓の手術を受けたあと、日光アレルギーという珍しい病気にかかったのだ。この家のすべての窓に、紫外線を遮断する黒いフィルムが貼られているのはそのためだ。夏になると、外出するたびに敏感な肌が火傷する。

それからニシオンデンザメの話になる。オルセンにとって、サメはおおむね邪魔者だった。網にかかったオヒョウの肉を嚙《か》みちぎったり、餌を食ってしまう。

「あいつらは近づいてきたものをなんでも食べる。ニシオンデンザメを釣るなら、肝臓を切断したあと、体内の空気をすべて抜くことだ。サメの死骸が海に沈んだら、ほかのニシオンデンザメはその死骸を攻撃する。腹一杯になって、針についた餌への関心を失ってしまう」

わたしはうなずきながらその忠告を聞いている。ニシオンデンザメは一頭で充分なのだが、それはあえて言わない。

「釣り糸の長さはどれくらいある?」

「三五〇メートルです」

「鎖は?」

「釣り糸の端につなげたのが、六メートル」

「餌には何を使うんだい」

「腐りかけのハイランド種」

オルセンは、悪くない、といったようにうなずいた。

その話し方は、子供のころによく会っていたヴェステローデン諸島の親戚の老人を思いださせた。漁師だけが使う特別な表現が端々に混じる。たとえば〝ホギンガ〟は、満月と新月のあと七二時間海流が遅くなることを指す。そのあいだは、気候や風向きが変わりやすい。〝シーティンガ〟とは、引き潮《スモーシュト》のあと、海流が速くなることだ。どちらも、そのときに海に出ていることが大切だ。よく釣れるタイミングなのだ。

それから数日、そうした古い言葉を覚えようと頑張ってみるが、どうしてもうまく発音できない。自分と関わりのある言葉とも思えなかった。また、そうした言葉の細かい意味合いまでちゃんと理解していたわけでもない。ヒューゴがイライラしはじめるまえにやめることにした。

帰る途中、ヒューゴとメッテからスクローヴァの人々の特別なタンパク質補給方法を教わる。ウのモモ肉を塩漬けにして缶詰にするのだ。また魚の罠や網にラッコがかかると、ヒレ肉を切り分ける。これは、失われた過去の習慣ではない。メッテはそれを小学校に通う子供たちから聞いたという。驚いて、メッテは聞き返した。「あなたたち、ラッコを食べるの?」。四人の子供は元気にうなずき、おいしいんだよと答えた。

オーショル・ステーションにもどると、ヒューゴは小さな箱を取りだす。なかには、第二次世界大戦後の写真が入っている。撮ったのは叔父のシグムントで、子供のころからのアマチュア・カメラマンだった。ヒューゴがその箱を見つけたのは、ヘルネスンの古い家族の漁業ステーションだった。写真の多くは、戦後数年間、ヴェスト湾に大量にいたタイセイヨウクロマグロを釣っているときのものだった。マグロが大量に引き網にかかった様子が写っている。マグロは全長三メートル以上、内臓を抜いた状態で三〇〇キロほどにも成長する。アルヴィド・オルセンが話していたように、マグロに対してイタリアと日本の市場でつけられる値段は、ノルウェーで捕れるほかの魚とは桁違いだ。そして、ノルウェーの漁師が普段捕っている魚とは性質からして異なっている。マグロは、引き網のなかで動けなくなると死ぬ。そして五〇から一〇〇トンの死骸が海底へと沈み、収入の面で大きな打撃を受ける。

クロマグロは、もっとも驚くべき海魚の一種だ。体全体が一つの堅く力強い筋肉のようで、鋭利な鎌のような尾びれを使い、最高で時速六〇キロ近い速度で泳ぐことができる。それよりも速いのは、メカジキやバショウカジキ、シャチ、イルカ、数種のサメなどごくわずかだ。ほとんどの魚は変温動物で、海水温によって体温が変化する。ところがマグロは人間と同じ恒温動物で、体温はつねに変わらない。

マグロは熱帯の海から北極海まで泳いでいくことができる。もっとも、その途中で捕らえられて死んでしまう可能性も高い。マグロ漁には、ヘリコプターや監視ブイ、センサーなど、あらゆるものが使われる。五〇から八〇キロの長さで、数千の針がついた網を持つ漁船が海に出ている。カメや海鳥、サメ、そのほかの魚などがマグロよりも頻繁にその針にかかる。

クロマグロの大群がヴェスト湾に向かった理由について、面白い説がある。太古、フェニキア人たちの時代から、地中海には数多くのマグロがいた。イタリアではトンナラ、スペインではアルマドラバと呼ばれていた。クロマグロの産卵場所は地中海で、毎年数万頭のマグロが捕獲されていた。密集したマグロの群れは網でつくられた迷宮によって浅瀬へ誘導され、そこでこん棒で殺された。充分な数の魚がそれを逃れ、大西洋にたどり着くことができるかぎりは、この漁は維持することができた。

アンダルシアの住民の人気を得るために、スペインの独裁者フランシスコ・フランコは魚の缶詰工場を大量に建設した。新しい技術によって漁業はより効率的になり、巨大なモーター船の新たな船団がマグロを大西洋まで追うようになった。第二次世界大戦によって乱獲に歯止めがかかり、マグロの個体数は増加した。戦後、ビスケー湾〔訳注：スペインの北岸とフランスの西岸に囲まれた大西洋の湾〕は機雷だらけだったため、スペインとフランスの漁師は漁をしなかった。このことも個体数の増加につながり、増えたクロマグロはヴェスト湾まで北上してきた。

だがわずか一〇年のうちに、マグロはノルウェーの海岸から姿を消した。そしてその後数十年間、絶滅危惧種と考えられてきた。だがここ数年、またノルウェー沖でも姿が見られるようになってきた。完璧なマグロなら、日本では一頭一〇〇万クローネ（約一五〇〇万円）の値段がつくこともある。ただし、魚は捕まえるまえに、生かしておいて太らせなくてはならない。生の素材がもっとも必要とされる場所は寿司屋だ。わたしは釣られたマグロの終着点を見たことがある。有名な東京の築地市場には、巨大な格納庫のような建物のなかに、飛行機事故や津波などの大災害後の身元の確認が取れていない遺体のようにマグロが並んでいる。

今後の成り行きは、誰にもわからない。クロマグロは、絶滅してから五〇年経って、またヴェスト湾にもどってくるかもしれない。ヒューゴは海に出るときにはマグロに目を光らせるようになった。ほかにも多くの外国に棲む種がノルウェーの海岸に現れている。マンボウやヨーロピアンシーバス、セント・ピーターズ・フィッシュ、またはたまたまそこを訪れた魚たち。数年前には、メカジキがスタイゲンのヒューゴの家のごく近くで網にかかった。カツオノカンムリという熱帯のクラゲのコロニーがロフォーテンの浜に打ち上げられたこともある。海のなかを漂う彼らには小さな帆があり、それによって大洋を運ばれていく。それまで、ノルウェーで目撃されたことはなかった種だ。

こうした現象は、おそらく地球温暖化によって引きおこされている。だがそれによって、海が豊かになると考えてはならない。新しい、環境に適さない種が北に移動することで、もとからそこにいる種は、ノルウェーの海岸があまりに温暖化すると、さらに北へしだいに移動することになる。

夜、わたしは窓を開けて眠った。優しい風が大気を揺らしていた。オーショル・ステーションの下の岩を打つ波の低く優しい音が、浅い眠りの向こうからかすかに聞こえる。ヴェステローデン諸島には、涼しい夏の夜に寝室の窓から聞こえる海の音——浜に静かに寄せる水の音を表す言葉がある。シボールトゥルンだ。

10

翌朝、われわれはカニ籠《かご》と延縄《はえなわ》を引っぱり出す。昨日と同じくらい暖かく穏やかな天候で、盛夏《ドッグ・デイズ》(七月二三日から八月二三日)に入ったばかりだ。それはすでに感じられる。海底から離れ、漂っている海藻が見える。海はそうやって生まれ変わる。

この時季には、海底に沈んでいた死骸も海面に上がってくる。「ヨハネの黙示録」第二〇章一三にあるとおり、海は、その中にいた死者を外に出したのだ。昔から、ドッグ・デイズに入ると、ハエが増えてしつこくなり、食べ物がすぐに悪くなると考えられていた。海水温は一年でもっとも高い。藻類が大発生して海底の栄養と酸素を枯渇させ、多くのクラゲが海中に発生する。彼らは青と黄色の縁取りされた月のような姿で、泳いだり漂ったりする。

カニ籠を設置し、夜にもどってくると、茶色いカニでいっぱいになっている。だがカニは食べても安全なのだろうか？　重金属のカドミウムが高濃度で含まれていると専門家は警告を発している。あとで見つけたのだが、二匹のカニの殻に、伝染病と思われる醜い黒い斑があった。またヒューゴによれば、ここ一〇年、オオカミウオはほとんど捕れていない。はじめは、冬場に外海で釣られているからだと考えていた。だがヒューゴ自身が釣ったときに、その多くに、癌《がん》の腫瘍のような膿があることに気づいた。現在は徐々にもどってきつつあるが、その明確な理由はわからない。

ヴェスト湾の海は世界でもかなりきれいな海だ。深く、流れは強く、毎日大量の水が循環している。だがこの海域には、南方よりも多くの重金属が存在する。おそらく、海とは巨大な生き物のようなものであり、ヴェスト湾は多くが北向きに流れている地球規模の海流に直接つながっているからだろう。

スクローヴァ灯台の五海里南で、われわれはようやく餌をつけた釣り糸を垂らそうとしている。屠殺された牛の臓物が入った最後の袋を開けるとき、ヒューゴは狭いボートの上で、できるだけ距離をとる。死骸の悪臭は、袋からヴェスト湾の上空へと舞い上がっていく。腐りかけた肉がついたその股関節を大きな輝く針につけているあいだにニシオンデンザメがボートに飛びこんでくることはないだろう。このハイランド種の牛の心のうちはわからないが、まさかこんなことになるとは思っていなかったはずだ。

昨日サメをおびきよせる撒《ま》き餌を沈めたのと同じ場所に位置をとる。それから、針を舷から落とす。「褐色の入り江の奥で味わったおぞましい座礁の体験／そこでは南京虫に貪り喰われた大蛇が／猛烈な臭いを放ってねじくれた木からずり落ちてくる(33)」。これはランボーの言葉だ。鎖と釣り糸を、リールがほぼ空になるまで下に降ろす。それで三五〇メートルほど糸を垂らしたことになる。その底の六メートルの鎖は重要だ。ニシオンデンザメは餌をくわえたら、動きまわりはじめるからだ。サメの皮膚はとても荒く、鎖でないと切れてしまう。ニシオンデンザメの皮膚を前から後ろへ撫《な》でると、滑らかで抵抗はほとんどない。ところが反対方向に撫でると、手にひどい怪我を負うことになる。サメの皮膚は剃刀のように鋭い「循鱗《じゅんりん》」で覆われているからだ。第二次世界大戦前、ニシオンデンザメはドイツに輸出され、皮膚は紙やすりとして使われていた。肝臓は茹《ゆ》でられ、脂肪からはグリセリンとニトログリセリンが生産された。なかでも後者はいたって不安定で、小さなショックや摩擦によって爆発し、人々はそれを取り扱ったり輸送しているときに命を落とした。

ヒューゴは糸をいちばん大きい浮き袋に結びつけて海に投げる。それがウキになる。子供のころから馴染みの道具だ。だが当時のわたしが釣っていたのはパーチやブラウントラウト、(体重は五〇〇グラムほどの)ホッキョクイワナだ。ウキはマッチ箱くらいのサイズだった。今回も同じ道具だが、われわれは大人になり、ニシオンデンザメを釣るために使うのは一メートル四方のウキだ。しかも虫をつけた一センチほどの針ではなく、屠殺場にあるようなもので、そこに死んだ獣の体の一部をつけている。だが、これらは欠かせない装備だ。いくらニシオンデンザメでも、あのウキを海中に引きこむことはできないだろう。少なくとも、一秒以上連続では。

狙うは、中型のニシオンデンザメ一頭。全長三から四メートル、体重はおよそ六〇〇キロ。学名は *Somniosus microcephalus*。鼻先は丸く、体型は葉巻のようで、ひれは比較的小さい。胎生。北大西洋に生息し、北極の氷冠の下も泳ぐ。凍るほどの水温を好むが、温かい水にも耐えられる。一二〇〇メートル以上潜ることができる。下顎の歯はノコギリの刃ほどの大きさしかない。上顎の歯は同じように鋭いがはるかに大きく、獲物に食いつき、下の歯で貫く。ノコギリの歯に加えて、ほかの数種のサメ同様に、食いついているときに、大型の獲物を口に「吸いつける」吸引力の強い口がある。交尾はいつも攻撃的だ。ただ救いがあるとすれば、性的に成熟するまでに一五〇年ほどの時間がかかる。

ニシオンデンザメの胃のなかを調査すると、驚くべきものがたくさん発見された。有名なノルウェーの科学者、探検家、政治家であるフリチョフ・ナンセン（一八六一〜一九三〇年）がグリーンランドで捕まえたサメの胃を開いたところ、アザラシまるごと、八尾の巨大なタラ、一メートル強のクロジマナガダラ、そしてクジラの脂身の塊がいくつか入っていたのだ。またナンセンによれば、この「巨大で醜い動物」は腹を割かれて氷の上に置かれたあと、数日生きていたという(34)。

体長が五センチほどで目に寄生するオンマトコイタによって、ニシオンデンザメは徐々に角膜を食べられ、やがて目が見えなくなる。また腹部の襞《ひだ》には小さな黄色いカニのような姿の別の生物（*Aega arctica*）が寄生している。昔の漁師によれば、サメが船上に釣りあげられると、数百もの寄生動物がその体から離れるという。

ニシオンデンザメの用途は、やすりやニトログリセリンだけではない。毒を含み、尿のような臭いがする肉は、薬にもなる。イヌイットはかつて、ほかに何も手に入らないときにはその肉を犬に食べさせていた。すると犬はひどい中毒症状を起こし、数日間麻痺していることもあった。第一次世界大戦中には、北部の多くの地域で食糧難になり、選り好みはできなかった。ニシオンデンザメの肉は豊富だった。だが捕れたばかりで、適切な処理がされていない肉を人間が食べると、「サメ酔い」を起こすことがあった。その肉には猛毒のトリメチルアミン-N-オキシドが含まれている。

その結果起こる酩酊状態は、おそらく非常に大量の酒か幻覚剤を飲んだときに似ている。サメ酔いをした人々は話の辻褄《つじつま》が合わず、幻覚を見、体をよろめかせ、おかしな行動をする。眠ってしまうと、起こすことはほぼ不可能だ。こうした副作用を避けるためには、すぐにニシオンデンザメの動脈を切断し、血液を流してしまう必要がある。そして、肉を乾燥させては茹でることを何度か繰りかえす。アイスランドでは、このサメ（ハカール）は珍味として知られ、細心の注意を払って適切な処理が行われている。肉の毒を消すためには、煮沸と乾燥を交互に行うほかに、発酵するまで土に埋めるという方法もある。

ノルウェー北部の人々がニシオンデンザメの肉を信用しなくなったのは不思議ではないだろう。それでもわざわざ捕獲されているのは、肝臓の油が豊富だからだ。一九五〇年代には、ニシオンデンザメの商業用捕獲はノルウェーが一位だったが、六〇年代には需要は下がってしまった。[35] だが最近は、またいくらか回復しつつある。

ボートは日射しを浴びてヴェスト湾をゆったり上下している。昨日は光で輝き、海面が割れていた。今日は落ち着いた静かな光を湛《たた》えている。海は、夏の好天が何日もつづいたあとにしか見られない、最高に穏やかな状態だ。また小潮のため、満潮と干潮の差はもっとも小さい。月と太陽の重力が、力の拮抗《きっこう》したふたりの人が腕相撲をしているように、海を互いに反対方向へ引いて力が相殺されるためだ。

やることといえば、浮き袋を見ながら待つことくらいだ。風がないときでも海流が自然に生まれるヴェスト湾にいたためか、ヒューゴは兄とふたりで漁船に乗って釣りに出たときの話を思いだした。その〈プリンゲン号〉という船は、一九五〇年代にナムダレン〔訳注：ノルウェー中部に位置する〕でつくられた平張りの小型船だった。ところが船は浸水し、沈みはじめた。悪天候のなか、ふたりは必死で船から水を手でかきださなくてはならなかった。兄弟が出かけたのは、一九八四年のロフォーテン諸島の釣りシーズン中の凍えるように寒い日で、強風が吹く不安定な天候だった。モーターがかからなかったが、漁場にいた別の船が困っているのを見つけてスヴォルヴェルまで引いてくれた。

ヒューゴはその話をしながら、またべつの似た状況を思いだす。はるか北のフィンマルクで捕った新鮮なエビの積荷を〈ヘルネスン号〉に載せ、スヴォルヴェルから出航しようとしていたときのことだ。嵐になり、すぐに問題が発生した。冷凍設備は故障し、積荷が動いた。貨物船は結局ヴェスト湾の真ん中で漂流した。何杯ものバケツでくんだ海水でどうにかエンジンを冷却し、スクローヴァへかろうじてたどり着いた。

ヒューゴには、ときどきそうした連想の飛躍がある。話が少しだれてくると、別の話に移り、それがつぎつぎにちがう話に変わっていく。話は最初の地点からどんどんずれていく。やがてわたしは混乱し、ヒューゴの話にはなんの脈絡もないように思えてくる。

何かの話から、ヒューゴはモール島というスタイゲンの海側にある小島のことを思いだす。その小さな、寂れた共同体にヒューゴは興味を持っていた。漁船で近くまで行き、錨を下ろして〈レクサ号〉という名の小型の木製こぎ舟に兄と一緒に乗り換え、なだらかな傾斜になっている砂浜を目指した。ところが波を読みちがえ、小さな〈レクサ号〉は翻弄された。ふたりとも、冷たい海水に投げだされた。浜についたが、冬の終わりのことで、空気も水も冷たかったため、そこに長くはいられなかった。漁船にもどる途中、〈レクサ号〉はまた水浸しになった。底にもともと開いていたひび割れが、先ほど波に揺られたときに広がっていたためだ。〈レクサ号〉が沈む寸前に兄弟はどうにか漁船にしがみついた。だがそれは船縁ではなく、そのはるか下の排水口だった。だが甲板に登るのは不可能だった。疲れきり、ずぶ濡れの服は海水で重たくなっていた。そのまま、まるで漫画のように横に並んで張りついているうちに、彼らは状況の馬鹿馬鹿しさに気づいて爆笑した。だが力はもう尽きかけ、そこから脱出するための最後の試みに集中しなければならなかった。そこでヒューゴは兄のために体を梯子にし、その体を押し上げて甲板に乗せた。

兄が甲板に上がるまでに指の力がなくなっていたら、ふたりが生きてこの話を伝えることはなかっただろう。もっとも、ヒューゴがいちばん言いたかったのは、三月に三〇分ほどヴェスト湾に浮いていても意外と人間は凍えない、という点だったようだ。

「その日はずっと外にいたし、あとで着替えもしなかった。まあ耳や首の後ろが、風邪を引いたようにしばらくおかしかったことは認めなきゃならない」

わたしの友達には、海に棲む哺乳類の血が流れているのかもしれない。

11

海面から三〇〇メートルほど下の海底は、いまどうなっているのだろう。サメは腐りかけた餌の臭いを嗅ぎつけ、そこに向かっているだろうか。海のはるか底のほうで、腐敗物の油性物質は、火から煙があがるように周囲に広がっているにちがいない。実際にサメを海面まで釣りあげたら、どうすればいいのだろう。恐れと期待が入り交じる。

かつてトロール船で海に出ていた知り合いが、網にニシオンデンザメがかかり、甲板に上がったらどうするか話してくれたことがある。尾びれを綱でくくり、デリックで持ちあげ、舷の外側に運ぶ。そして尾びれを切り落とすと、サメは大きな水しぶきをあげて海に落ちる。切断はあっという間だ。ニシオンデンザメには骨はなく、軟骨しかないからだ。海に落ちたとき、サメは生きているが、すぐに自分の体の異変に気づく。人間は、手足を切断され、船から海に投げだされたらひとたまりもないだろう。尾びれのないニシオンデンザメは何もできない。前へも進めず、バランスも保てない。すぐに海底へ沈み、その凍てつく暗闇のなかで、生きたままほかのニシオンデンザメに食べられる。

ヒューゴによれば、ウバザメでも似たようなことが行われるという。サメをひっくり返し、腹を切断して肝臓を取りだす。少なくともしばらくは、ウバザメは肝臓なしで泳ぎつづける。

ニシオンデンザメを捕まえたとき、いつもかならず尾びれを切断するわけではない。トロール船の友人の話では、次にそのサメを捕まえた漁船への挨拶として、ニシオンデンザメの腹に船名を書いておくこともある。そうしたサメを網にかけて捕まえた船の乗組員は、腹の反対側にまた自分たちの船名を書いて逃がしてやる。葉書でも送ったほうが簡単だろうが、それがトロール船の乗組員なりのユーモアなのだ。

「見ろ！　浮き袋が動いてるんじゃないか？」とヒューゴが言う。

巨大なウキが不自然なリズムで上下に動いているように見える。われわれのいるところから数百メートルの、サバの群れの真ん中あたりでたしかに何かが起こっている。ヒューゴはモーターを回し、六〇秒後にそこへ着く。

ヒューゴが釣り糸を引くと、間違いなく何か大きなものが餌を食っている。しばらくして、今度はわたしが替わって糸を引くと、もっと遅くなった。あなたは、全長七メートル近く、七〇〇キロほどもあるニシオンデンザメを海底から引きあげようとしたことがあるだろうか？　三五〇メートルの釣り糸と六メートルの鎖につながったサメを。釣り糸が指に食いこむ。猛烈に痛い。クラゲが釣り糸に張りついているうえ、手袋もしていない。

腕の力がほとんどなくなり、糸があと五〇メートルほどになったとき、急に軽くなる。釣りをしたことのある人なら誰もが知る、あの無念さ。一〇〇分の一秒のうちに、希望がすべて打ち砕かれる。期待し、意気込み、集中したとき、階段から一挙に突き落とされる。釣り糸はてのひらに食いこんでいたが、重みが消えたことのほうがつらい。残りの糸を巻きあげるのは、ほとんど重さもないのに、さっきまでよりつらい。数分で、鎖につけられた針がボートのすぐ下までくる。それを引きあげ、目の前にぶら下げる。餌つきの針を海水に落としたとき、牛の股関節は赤い肉で覆われていた。それがいまは噛み切られている。小さなオレンジ色の寄生動物が骨に食いついている。まるでシラミか小さな虫のようだ。ニシオンデンザメの腹の襞に棲んでいたものだろう。

骨と脂肪に、のこぎりの歯のようなぎざぎざの噛み跡がはっきりと見える。針は股関節の腱を貫き、骨のすぐ近くまで刺さっている。サメは餌を捕ったら、それをまるごと噛みくだくのだろうと思っていた。だがそうではなかった。だから針がちゃんとサメに食いこまなかったのだ。そのためにサメは餌を放して逃げることができ、われわれはいますわりこんで何も言えずにいる。ヒューゴに自分のミスを説明すると、ヒューゴは非難する様子もなく、何かを考えるように軽くうなずく。

少しずつ失望から立ち直る。この出来事を失敗と思う必要はない。物事が正しい方向へ進んでいるしるしだ。初回からニシオンデンザメをあと一歩で捕まえるところまでいく人は多くないはずだ。

また針に餌をつけ、海水に落とせばいい。

海の底、われわれのボートの下のほうで、怪物は泳ぎ、餌を待っている。数百メートル先の海岸では、一艘のボートが停泊している。たくさんの若者が好天を楽しんでいる。女の子たちが海水に飛びこむ。水は冷たいが、それでもこの海では最高の温かさだ。水を跳ねあげて遊ぶ自分たちの姿を深海からどんなものが見ているか知ったら、みなあわてて甲板にもどるだろう。女の子のひとりはオレンジの水着を着ているが、おそらく黄色やオレンジがサメの攻撃を招くことを知らないのだろう。オーストラリアのダイバーやサーファーは、絶対に用具に使わない色だ。


その日はもう当たりはこない。つぎの日も。三日目には、餌つきの糸をひと晩垂らして帰る。すると翌朝には、まるごとすべてがなくなっていた。海に沈んだかのように。浮き袋はふたつとも、海流かニシオンデンザメか、何かわからない力に引っ張られていき、いまはおそらく、はるか遠い海のどこかにあるのだろう。探しにいっても無駄だ。時間もガソリンもいくらでもあるが、発見できる可能性はほぼゼロに近い。

三日後に、ヴェスト湾の反対の岸へもどる。浮き袋と鎖、それに釣り糸のことは諦めていた。だがヴェスト湾の真ん中で、視界も悪く波も高いというのに、釣り糸すべてと鎖にばったり行きあたる。針とシャックル（針とU字型の針と鎖を固定する金具）はなくなっていた。信じられない。しっかりと固定したクランプが緩むことなどありえないはずだ。また、それをふたつに裂くには、凄まじい力が要るだろう。だが、そのいずれかが起きたことは間違いない。そう思って納得するほかない。それでも地元の漁師は、餌のついた釣り糸をこんなところにひと晩放置するなんて、素人のやり方だと断言する。海の流れはとてつもなく強力で、時間さえあれば何も残さずさらっていくのだ。

ボートはヴェスト湾に白いV字を描いて進む。遠い海の上に小さな虹が弧を描く。そちらに向かって進んでいき、その下をくぐりたくなる。だが、われわれは虹を捕まえようとしているわけではない。

海と空のあいだの蜃気楼《しんきろう》が急に曖昧になり、錯覚を起こさせる。遠くの小さな島々がずっと近くに見え、輝く海面の上に浮いている。太陽ははるか西にあるマグネシウム色の雲の端を照らしている。雨が降る、そのはるか彼方には局地的なにわか雨が見える。太陽は見えないが、雨が降っている場所の外側やその隙間から光を投げかけ、ところどころで、巨大なスポットライトが海面をゆっくりと動いている。ここで、世界は洗い流される。周囲はすべてが、カキの殻か石版のような色の鏡に見える。

12

エンゲル島に近づくと、タイセイヨウサバの大群がまわりで飛び跳ね、動物プランクトンを食べているようだ。ヒューゴはそれに興味を示さず、数匹捕って帰ってバーベキューにしようと言ってもろくに聞いていない。ノルウェー北部人の例に漏れず、ヒューゴはこの魚を嫌っている。味に耐えられないのだ。さまざまなサバのレシピを試してみたのだが、どれもおいしいとは思えなかった。サバから確実にサバの味を取りのぞく方法はまだ見つかっていない。サバを捕って、あとでバーベキューにするのは別にかまわないが、自分が近くにいないときにしてくれ、と彼は言う。

北部人のサバ嫌いには長い伝統がある。人間の骨格のような柄が背中にあるこの魚は、溺れた人の死体を食べると考えられていたためだ。さらに昔は、生きた人間を食べると思われていた。ベルゲンの司教エーリク・ポントピダン（一六九八〜一七六四年）は、サバはノルウェーのピラニアのようなものだと語っている。「サメのように」と、司教は書く。サバは「裸で泳いでいる者を見つけ出して人肉を食べる」傾向があり、「人はサバの群れのあいだに落ちると、すぐに食べられてしまう」。この主張を強調するため、ポントピダンはある水夫が、きつい肉体労働で汗をかいたためだろう、ラウルクーレン（現在のラルコレンで、ノルウェー南部の都市モスの南に位置する）の海岸でひと泳ぎしようとしたときに起きた「悲惨な出来事」について述べている。ふいに、陽気な水夫は下から何かに引っ張られたかのように姿を消した。数分後に海面に上がってきたが、体は「血まみれで、嚙まれた傷があり、追い払うことのできなかったサバが大量についていた」。仲間が助けにこなかったら、その水夫は「間違いなく」とても「苦しみながら死んだ」だろう、とポントピダンは断言している。(36)

われわれはラウヴ島とアンゲル島のあいだの安全な海で止まった。そこで小さなタラを捕まえて海中に投げいれ、すわってワシがくるのを待った。その巣は山頂にあり、海面に浮いている死にかけた魚めがけて爪を伸ばすだろう。ワシの姿は見えたが、これまで何度もしたように、餌に向かって飛びこむことはなかった。一羽のカモメが頭の上を飛んでいった。体はタラより小さく見えるが、その魚をまるごと飲みこんだ。ところが腹が詰まり、飛べなくなってしまった。われわれはときとして、飲みこめないほどの量を口に入れてしまうことがある。

秋

Autumn

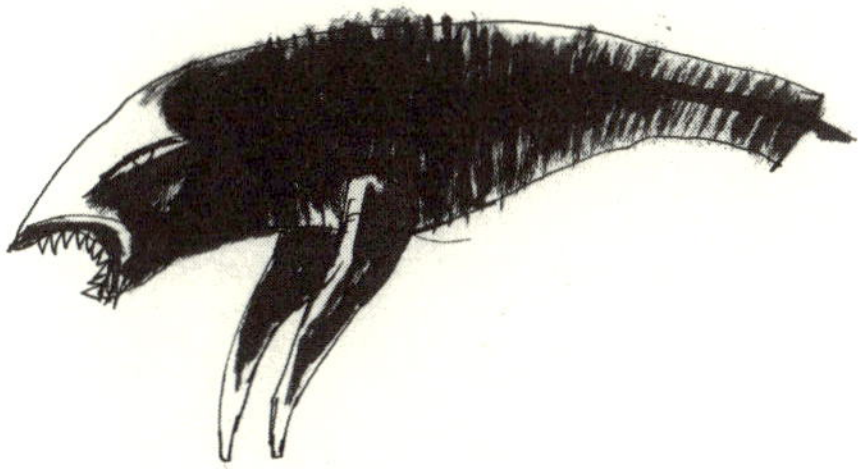

13

つぎにわたしが北へ向かったとき、鳥はもう南へ渡ってしまっていた。一〇月はじめの大地を静けさが覆っている。木々や茂み、植物は根だけになり、雪と霜がくるまえに休眠に入ろうとしている。重く、暗い色調がノルウェーの内陸を包んでいる。湖はやがて白くなり、谷は雪で埋もれるだろう。だが、海岸の近くや海では様子が異なる。そこでは水が冷たくなり、嵐で波が高まると生命はふたたび目を覚ます。カニは俊敏に動き、ヒラメは我が物顔で泳ぎ、ポロックの身は締まり、貝類は美味になる。ノルウェー北部の釣りシーズンはすぐそこだ。

ヒューゴとわたしはふたたびスタイゲンからヴェスト湾を渡り、スクローヴァへ向かう。いまは海がインクのように黒く、絶えずわれわれの心を乱す。光は弱まり、ほとんど水面につくほど雲が低い。ヒューゴはジグザグに船を進め、波を横か後ろから受け、できるだけ波に乗ろうとする。ノルウェーの漁師が〝ウンナフリンゲン〟と呼ぶ、正面からの波を避ける進み方だが、それでも心地よい船旅ではない。

スクローヴァに近づくと、ヴェスト湾はその力をいくらか見せつけた。冷たくじめじめし、雨で海面は白く波立ち、岸に低い音を立ててぶつかる。最後にここにきたときは海も空も穏やかで、くっきりと分かれていたが、今日は境目が消え、かき回すように動いている。ロフォーテン・ウォールは数海里の距離まで近づかないと見えない。ヒューゴは岩礁と島のあいだに進路を取ってスクローヴァ港へ入っていく。

悪天候はさらに数日続き、海に出られない。そのかわりに、ヒューゴの雑用を手伝う。合わせて数千平方メートルにもなる幾棟もの木造建築を管理していると、やるべきことがつぎつぎに出てくる。

オーショル・ステーションはふたつの大きな建物からなる。海側に立つメイン棟は三階建てで、少なくとも一〇〇〇平方メートルはある。その後ろにもうひとつ、同じくらいの大きさの建物があり、やはり三階建てだ。その隣には、魚を切り分けるための小屋がある。メイン棟は陸揚げセンター、タラ肝油製造所、塩漬け加工場、釣り具置き場、そして干物の倉庫として使われている。

それら三つの建物はほとんど三位一体をなしている。つまり、それらは父と子と聖霊のようにひとつであり、同時にそれぞれが実体を持っている。建物から出ずにほかの建物に移動したとしても気づかないほどだ。何度も訪れているわたしでも、細部までよくわかっているわけではない。メイン棟のいつも通っている場所を外れると、それまで見たこともない部屋や屋根裏スペース、あるいはひと区画まるごとを見つける。この漁業ステーションには部屋が無数にあり、いつでもまだ見つかっていない場所があるかのようだ。島全体にも同じことが言える。スクローヴァを歩くといつも、はじめての場所にたどりつく。新しい砂浜や、近寄りがたい丘の上に古いドイツ軍の掩蔽壕が見つかる。

漁業ステーションの奥は急な登り坂で、その上に、さらに二棟の小さな建物がある。〝赤い家〟と〝白い家〟だ。魚を干していた棚用の柱を積みあげる手伝いをする。ヒューゴは赤い家の大工仕事も手がけており、準備ができたらそこにミッテと住む予定だ。あの広くて隙間風の入るメイン棟で冬を越すのはつらい。ヒューゴは赤い家に断熱材を入れる仕事を仕上げようとしている。それに、壁と屋根、床の張り替えもある。裏には別棟を建て、そこをバスルームにする。

白い家のほうはすでに作業が終わっている。一九世紀前半に建てられた昔ながらの古い漁師の家で、漁業ステーションよりはるかに古い。ヒューゴは数十年前、まだステーションを売却していなかったころ、取り壊し寸前だったこの家を手に入れた。これまでに、壁に羽目板を張り、窓を取りかえ、断熱材を加え、タール紙で屋根を葺《ふ》き、階段とポーチをつくり、古い薪ストーブを入れた。一階からも二階からも、遮るものなく港を見渡せる。ヴィンテージ・ガラスを使っているため、外の景色は歪み、まるで水のなかにいるように、ちょっとした夢のように感じられる。改装作業で二階の古い壁板を剝がすと、その断熱に使われていたのは一八八七年の新聞だった。ヒューゴはそれにニスを塗って保存することにした。

ヒューゴに案内されて白い家のなかを見てまわりながら、わたしは感銘を受けたことを隠し、専門家ぶってあら探しをする。両手を後ろで組み、なんでこんなふうにしたのか、もっと賢明で規制にも引っかからないよい方法があるのに、と口出しする。ヒューゴは二、三分してようやくそれが冗談だと気づき、わたしに柱の積みあげを命じる。

わたしはオーショル・ステーションではほとんど役立たずなので、こうした雑用はあまり早く終わらせないほうがいい。この作業をしているあいだは、役に立っているような気分でいられる。

ステーションの内部に入ってすぐ、これまでに見たことのない部屋に突きあたる。棚には、歳月で色褪せた新聞の束がある。一部を手に取り、窓にもたれて一九六三年九月八日付のヌールラン・フラムティ紙を読みはじめる。びっしり活字で埋まった第一面のトップに、「ノルウェー海軍艦艇がロフォーテンのオーを榴弾で爆撃」とある。興味をそそる見出しに惹かれ、つづきを読む。

日曜日にロフォーテン諸島付近で行われた海軍艦艇による射撃訓練で、モスケネス島のオーの集落に、誤って多数の榴弾が撃ちこまれた。奇跡的に、死者や重傷者は出ていない。一発は村の中心部にある家屋の離れに命中して爆発し、その破片は、夕食をしていた家族から五メートルの木造部分の壁面に突き刺さった。さらに一二から一五発の榴弾が小さな漁村を襲い、人々は治まるまで排水溝のなかで身を潜めていた。四発が村を直撃し、八発が港に停まっていた釣り船のあいだに着弾した。家屋の離れが爆発したとき、そこからわずか一五メートルの距離の主要道を一〇歳の少女三人が歩いていた。子供たちは、半径五〇メートルに飛び散った破片でかすり傷を負ったのみだった。近隣の家のランプが落ち、書棚や居間のテーブルが倒れた。爆発した場所から三〇メートルに満たない地点で、およそ二〇人の旅行者を乗せた五台のタクシーが景色を見るために停車していたが、破片による怪我人は出なかった。

すぐに保安官に通報され、ソルヴォーゲン・ラジオの電信技師から駆逐艦〈ベルゲン号〉に直接通信されたため、人命が失われるまえに射撃は終了した。

ノルウェー海軍とは、一般人にとってこのようなものだ。広大な無人の領域があるというのに、榴弾をオーの漁村の真ん中に撃ちこむ。ロフォーテン諸島の西の先端にある風光明媚《び》な場所だ。事故であることは言うまでもない。もし狙っていたら、そんな小さなターゲットに命中させることはできなかっただろう。

一九六四年一月二四日付のヌールラン・ポステン紙にも劇的なニュースが載っている。「箒《ほうき》の柄殺人」という見出しのついた長い投書で、ハルヴダン・オーロは箒でカワウソを殺した男を非難している。「殺している最中に半分に折れてしまうような箒を武器として使うとは、許しがたい。それに、このカワウソの死については、動物虐待の疑いもある」

こんな寄り道をしていると、柱を運ぶ雑用とは思えないほどの時間がかかる。ようやく終わったときには、役目をしっかり果たした気分だ。運んでいるより読んでいる時間のほうが長かったから、体はまるで疲れていないが、それを使う方法をわたしに指示するのはヒューゴの役目だ。ヒューゴは頭を掻《か》いて考えるが、何も思いつかず、わたしはお役御免になる。さもないと、足手まといになって仕事を遅らせてしまう。正直なところ、これは好都合だ。わたしはスクローヴァに、海について知りたいと思っている人なら特別興味をそそられる古い本を何冊も持ってきていた。いま読んでいる古典はオラウス・マグヌスがラテン語で一五五五年に書いた大作、『北方民族文化誌』(渓水社)だ。

14

日を追って海は荒れていく。低気圧がきている。強い風がヴェスト湾のうねりや白波に吹きつけ、水が細かいしぶきになって空中を舞っている。遠くからだと、煙が海から向かってくるように見える。

黒い雲が低く垂れこめているが、ときどき切れ間ができる。そこから島に透明な日光の筋が射し、触れるものすべてを照らして大きく見せる。いつもは浜に乗りあげたクジラの骨のような灰色のオーショル・ステーションが白く輝いている。

雨がくる。重く、単調で、陰気な雨の終わりは見えない。

西からの風が雨をもたらす。世界のどこでも、海や岬、海峡、島、海岸地帯に吹く風の向きは、ある程度決まっている。ヴェスト湾では、北半球のほとんどの海域と同じく西風が強い。科学的に説明するなら、アゾレス諸島の上の高気圧とアイスランド周辺の低気圧が北大西洋に強い西風を吹かせる、ということになる。

古い地図には、風に顔が描きこまれたものが多い。これは古代からの伝統だろう。自然現象に結びつけられたギリシャの神々の暮らしは多忙だった。風の神アイオロスは海の神ポセイドンの息子だ(1)。最大の特徴はその膨らんだ頬で、力のかぎり西風を吹いていた。

すべての船が天候のなすがままだったころ、風にはそれぞれ特徴があった。性格と呼んでもいい。なかにはずるがしこくて気まぐれな風もいたが、幸いにも彼らを操る方法を知った人々がいた。一六〇〇年代半ば、フランスのピエール・マルタン・ド・ラ・マルティニエールは大型船の船長として北方を航海した。風が凪《な》ぎ、ロフォーテン諸島の南の北極圏に入ったあたり、つまりボードー付近で、船は動かなくなってしまった。船長は地元の風の操り手「風の王子の子ら」に助けを求めた。彼らは対価さえ払えば、嵐でも凪でも呼び寄せることができた。操り手は帆船に姿を現し、乗組員に毛織物で三つの結び目をつくり、それを船のフォアマストに固定するよう指示した。風が必要なときには、その結び目のひとつをほどけばいい。ラ・マルティニエールは本当かと疑ったが、結び目をひとつほどくと、南西の力強い風が帆を揺らし、船を北へと運んだ(2)。

今日、気象学では北、北東、北西、南、南東、南西、西、東という八つの風向が用いられている。かつては、風はおおむね一六の向きに分類されていた。ロフォーテン諸島の北方にある大きな島、センジャ島に住むアルトゥール・ブロックスという人物は、さまざまな種類の風を表す三〇の言葉を記録している(3)。

土地と風の細やかな関わりまで含んだ風の名前もあった。たとえば南からの強風なら、それが特定の地域に吹くかどうかが重要だ。北部の海岸に南東から吹きつける陸風《ランソニン》か。あるいは、海の男にとってはより気の抜けない海風《ウトソニン》か。

ヴェスト湾では、最悪の風は南西から吹く。


オーショル・ステーションにはほとんど断熱材が入っておらず、風や寒気が染みこんでくる。また奇妙なことに、ここにきたことのあるあらゆる物や人が建物のなかに満ちているのが感じられる。操業が停止したのは一九八〇年代のことだから、館内を通りすぎた無数の魚のにおいを嗅ぎとるには鋭い嗅覚が必要になる。だが痕跡はそれだけではなく、まるで建物そのものに記憶があるかのように、過去の姿を静かに伝えている。それは夢のなかで耳にした曖昧な風説のように思える。

放置された物のせいもあるだろう。当時の備品のうち、かなり多くが残っている。捨てられた小物や、いつしか盗まれた物を除けば、ほとんどはもとの場所にそのまま置かれている。重さ数トンの網や巻かれたロープが隅に積みあげられている。塩の木桶も中身が入ったままだ。表面は固まって光っているが、そこに穴を開ければいい状態の塩が出てくる。オーショル家は、あと一〇世代くらいは塩に困らないだろう。

たくさんの小部屋には、つぎのシフトを待つかのように作業着がかけられている。だがたいていは、とっくの昔に陸《おか》に上がった乗組員の持ち物だ。また、ここにいたときには若かった従業員も歳をとり、なかには亡くなっている人もいるだろう。その他の私物やキッチン用具、あるいは魚の納品書などが生活空間だった場所に散らかっている。事務所だった部屋には、壁に配達先の記録がかかっている。そこには一九六一年の一月から三月の干し魚の仕入れ量（一一万二七二七キロ）、製造量、売上や配達の記録などなどが書かれている。図には、ベルゲンへ輸送された商品が別の棒グラフで記入されている。

ステーションの製品はすべて几帳面に記録されている。生魚、塩漬け、（さまざまな種類の）干し魚、肝（未処理のもの、アルコール漬け、煮たもの）、各種の油（遠心分離されたタラ肝油、加熱圧搾されたもの、酸化した油、工業用オイル、そして最後に「その他の油」）。さらに、魚卵（生、加糖加塩されたもの）、アラ、頭部、そして表のいちばん下には、肝のグラックス、つまりタラの肝を蒸したあとの廃棄物が書かれている。

この建物には、最初の一本の釘が板に打ちこまれたときから、最後の業者が出ていったときまで、長年の仕事が染みついている。この漁業ステーションは記憶のマリネだ。あちこちの壁に目に見えない時計がかかっていて、そのすべてがちがう時間を指している。現在の時刻を示しているものはない。多くは数十年前に止まったままだ。

一九八〇年代に漁業ステーションを買い取った、ふたりのフィンランド人の痕跡も残っている。ピルカという女性とペッカという男性で、いまはフィンランドのどこかで暮らしている。ピルカは有名な心理学者で、ペッカはドキュメンタリー映画の作家だ。一九七〇年代に撮った遠い国々の民族誌映画で一部の熱狂的なファンに支持された。きちんとした教育を受けた教養あるふたりのフィンランド人は、少なくともわたしが会ったときには、静かで考え深げで、ぽつりぽつりと言葉を選んで語った。彼らは（スクローヴァではいつもの）凍えるような寒さのなかでも、サウナに入っているような話し方をした。ペッカは花が好きだ。スクローヴァの真ん中のハットヴィカへ向かう道すがら、驚くほど温暖で緑豊かな谷にはかなり多く生えている。その方角へ進んでいくと、岩石や岩山、あるいは谷間や峡谷ばかりのように思えるのだが、ふと気がつくと、樹木に囲まれている。

ピルカとペッカが住んでいた部屋には、フィンランドのフーブスターズブラデット紙とイルタ・サノマト紙がいまも大量に積まれている。壁にはフィンランドとスウェーデンのあいだの、フィンランド語で〝サーリスト〟という群島の衛星写真が貼られている。二か国に挟まれた海峡には数万もの密集した島々がある。船は島と島が二〇キロほどしか離れていない場所を通ってボスニア湾に入っていく。

ピルカとペッカはあるとき、ふらりとスクローヴァにきた。そしてこの場所が気にいり、オーショル・ステーションが売りに出ていると知って購入した。ふたりとも若くはなかった。毎年夏になると、ふたりはここで数週間の休暇を過ごした。使っていたのはその一棟の、しかも隅の一角だけだった。財産も称号も失い、それでも荒れ果てた城の片隅に住みつづける貴族のように。スクローヴァとオーショル・ステーションがとくに気にいっていたことは間違いないが、この土地と環境には圧倒され、なじめなかったようだ。家族か友人にダイビング好きがいて（破れたゴムボートがまだ外に置かれている）、たぶんその人がロフォーテン諸島のある小島の巨大な漁業ステーションを買うように焚《た》きつけたのだろう。毎年夏になると、多くのフィンランド人が緑の海岸と美しい湖をあとにしてスクローヴァを訪れ、ウェットスーツとフリッパー、ウェイトベルト、銛を持ってダイビングをした。その用具はまだステーションの壁にかかっている。ペッカとピルカはダイビングをしなかったが、そのまま放っておいた。

結局、彼らはオーショル・ステーションをオーショル家の手にもどした。ペッカとピルカがスクローヴァを去って、一五年が経つ。ヒューゴは、彼らがいまにもここに姿を現すような口ぶりだが、もうここにくることはないだろう。

天候が悪く釣りに出られないある午後、ヒューゴと屋根裏で過ごす。床から天井まで、古い用具が積みあがっている。一〇〇年以上もまえのものだが、漁業ステーションとタラ肝油工場を実際にはじめられるだけの装備だ。ボイラーや圧縮機、油の樽《たる》、分離機、パイプ、石臼、天秤、滑車と歯車とウィンチのついた、何かを吊りあげるための機械、大きな木桶、電気モーター、竿の長さが数メートルのたも網、ニシン用たも網、そして木と金属でできた用途不明の道具。ある部屋には、タラ肝油のためのオーク製の樽が数十本置かれている。もっと小さい樽もあるが、それにはコニャックが入っていたのだろう。どこの海岸でも、密輸はおおっぴらに行われていた。巾着網漁船〈セト号〉はオフシーズンには貨物船としてヨーロッパ大陸へ就航していたが、実体は有名な密輸船で、そのことは関税職員でさえ知っていた。

屋根裏の道具の技術は、時代は古いがかなり高度なものだった。その多くは現場でつくられ、その後機械工や樽職人、大工、鍛冶屋、綱をつくる職人、あるいは地元の便利屋たちが数百年かけて改良してきたものだ。彼らは手元にある素材や道具で、なんでも解決してしまう。ところがわたしには、どれもこれもわけがわからない。金属製の流し樋が上についた金属製の小型の器具がある。たぶん片方から何かを流すと、反対側から出てくるのだろう。ほかの機械につなげて使うもののようだ。わたしはそれを指さす。

「あそこにあるやつのことか？　あれはポロックの鱗を剝ぐ機械だよ」と、ヒューゴは歩きながら言う。

「ああ、そうだよな。コダラ用のじゃない。ポロック用だ。こんな薄暗いところじゃまるで見分けがつかないけどな」とわたしは答える。

ヒューゴはこちらを向き、にやりと笑う。

わからない物が出てくると、ヒューゴは用途を探ろうとする。その行為に名前をつけるとしたら、〝スパーリング〟だ。相手の周囲でステップを踏み、その物体の形や機能に関して、さまざまな角度からジャブを繰りだす。その使い方を捕まえようとしながら、差し込み口や突起を指さしたり、回転する部分の回転方向を判断したり、部分どうしのつながりに気づいたりする。そのようにして最後に自信を持ってだした答えは、たいていわたしにもうなずけるものだった。

ヒューゴが屋根裏の奥で足を止める。見ているのは鋳物の滑車らしきもので、ふたつの車輪と一本のハンドル、鉄製の突起がいくつかついている。器具の長さは一・五メートルほどで、高さは膝くらい。

「一週間あればこいつの正体を当ててみせる」

「二四時間だ」

わたしにはヒューゴが、いつも研究のことばかり考えている大学教授のように見えることがある。この屋根裏にあるジャンク品を使って、きっと面白い装置をつくりだせるはずだ。まだこの世に存在しないが、役に立つ機械を。それは電気ウナギを動力源とし、ニシオンデンザメの油を潤滑油とするだろう。

だがまずは、ニシオンデンザメを捕まえなくてはならない。

15

夕方にはときどきテレビを観るが、チャンネルはいつも動物番組に合わせる。クジラとサメに関する番組をずっと放送しているようで、いつも暗く劇的な音楽が流れ、危険で残虐な怪物を想像させるものがつぎつぎに登場する。サメの場合はとくにそうだ。動物の扱いは中世のままで、擬人化された生き物たちが道徳的か非道徳的かの判断を下される。クジラはたいてい善良で、ブルジョワ的だ。核家族で、歌とゲーム、子育てを生活の中心にして、菜食中心の食事をとり、休暇には世界中を泳ぎまわる。

だがときにはそうした型にはまらない映像もある。ある番組では、ひとりの女性ダイバーがゴンドウクジラと仲よくなろうとする。クジラは女性の足をくわえ、少なくとも一〇メートルほどの深さまで引きずりこむ。人間にとってはかなりの深さだ。そこでクジラはようやく足を放し、女性は水面に浮かびあがって息をつぐ。それから、クジラはもう一度女性を引きこみ、溺れかけるまで放さない。噛みついたりはせず、ただしっかりと足をくわえて生命をもてあそんでいる。それが何度か繰りかえされると、女性ダイバーの動きは鈍くなってくる。もうほとんど意識はない。ゴンドウクジラはどれだけ耐えられるかをはっきり感じとり、ぐったりしたところで海面にもどしてやる。同じクジラが、女性を溺れさせては助けているのだ。一頭のなかに善いクジラと悪いクジラが同居している。

この物語からこんなことが言えるかもしれない。クジラは知的な動物だが、かならずしも人間に対して優しさや共感を覚えているわけではない。ただ自分なりに、ありのままに行動しているだけだ。クジラもすべての知的な生き物と同じように、猟奇的とまではいかなくても、逸脱した行動をすることもある。

四日後、わたしは何かがおかしいという感覚とともに目覚める。しばらくベッドに横たわってその理由を考え、やっと思いあたる。壁に雨風が打ちつけていないのだ。何も音がしていない。ヒューゴはすでに起き、外でボートを膨らませている。

「サメに餌をやりに行く準備はできたかい」

「まずは餌を取ってこよう。そうすれば海に出られる」とヒューゴは答える。

今回はハイランド種の牛はないため、オーショル・ステーションの向かいのエリンセン・ステーションで用意してくれているクジラの脂肪を使うつもりだ。わずかに幅九〇メートルほどのスクロウヴケイラ海峡を渡っていき、クジラの脂肪が入った箱と四尾のサケが入ったゴミ袋を手に入れる。すべて無料だ。ミンククジラの腹から取った二〇キロほどの脂肪は、すぐに冷凍庫に入れられ、そこから二日前に出されたものだが、まだ上に氷が乗っている。チョークのように白い、アコーディオンのような形をした脂肪の塊だ。ただし、蛇腹の襞のひとつひとつは長方形だ。表面は滑らかで弾力性があって丈夫で、まるでNASAが製作したもののようだ。においは心地よい。清潔で食欲をそそる、巨大なベーコンのようでもある。牛に比べたらこの脂肪はまるで夢のようだ。日本では、クジラの脂肪を生で食べる。わたしも小腹が減ったときには脂肪を揚げて食べることがある。

この脂肪を針につけ、サメをおびきよせる。サケは撒き餌にする。用意したのはヨーロッパの市場に出せるようなものではないし、養殖場で発生する病気に罹《かか》っているかもしれない。だが、ニシオンデンザメは選り好みなどしないから、その点はかまわない。

港を出発し、スクローヴァ灯台の先へ向かう。そこでサケが入った、穴の開いた袋を海中に投げいれる。ヴェスト湾は、漁師たちが〝オプラット〟と呼ぶ、嵐のあとに徐々にやってくる静けさに包まれていた。風がやんでも、海はすぐには静まらない。おそらく、嵐はまだ遠い海で荒れ狂っているのだろう。

軽い気持ちで、餌つきの釣り糸も垂らしてみた。三五〇メートルの糸と六メートルの鎖、そして分厚いクジラの脂肪が取りつけられた針だ。今日はサメが寄ってくる可能性は低い。サケのにおいが遠くまで広がるだけの時間はないからだ。それでも、釣り糸を垂らせばヴェスト湾で数時間を過ごす口実になる。

雨は、海も人の目も落ち着かせる。海は穏やかで、雨の一粒ごとが油を含んだ滑らかな海面に当たるのがはっきりと見える。こうした状況で海を見渡すと、だいたいどんなことも見落とさない。

近くのスヴォルヴェルまで行き、新聞と紙パックの赤ワインを、それからカフェに立ち寄ってサンドウィッチを買う。それから逆の経路でスクローヴァ灯台の近くにもどる。思ったとおり、ウキには何も起こっていない。雨はもうやんでいる。海は湖のように穏やかだ。新聞を読み、少し話をしてから、フレサ島の岸に近づき、オヒョウか、せめてタラかポロックが釣れないかを試そうとする。その途中で、奇妙な現象を目にする。静かな海の真ん中、一五〇メートルくらいの距離のところに巨大な波が起きているのだ。それはすぐにかなりの高さになり、こちらに向かってくる。わずかにそこから遠ざかる。ウェットスーツとボードがあれば波乗りができるだろう。いや、われわれには無理かもしれないが、上手な人なら乗れるはずだ。それから、もう一度同じことが起こる。巨大な波が沖に立っている。わたしはヒューゴを見る。もう何日も一緒に海に出ているが、こんなものは見たことがない。

「海流の異変でないとしたら、あそこに魚の群れがいて海水を押しあげたんだろう」とヒューゴは言う。

太陽が顔を覗かせる。海全体が雨で磨かれ、灰色に輝いている。小さなポロックが数匹釣れたが、海にもどしてやる。ウキが揺れていることを期待して、もとの場所へ向かう。

ニシオンデンザメが自分よりかなり速い魚や動物をなぜ捕まえられるのかについて、ヒューゴが新説を披露する。体の構造に注目したアイデアだ。

「獲物を突き刺すスピードは、体じゃなく頭や顎しだいだ。ニシオンデンザメは海中を漂っているとき、まるで無害に見える。そして何かが近づいてきたら顎を突きだす。顎は固定されて動かないわけじゃない。列車の通る線路や、ある種の銃のボルトみたいに前後の動きを支えているんだ」

この説を裏づけるようなテレビの番組もあった。スキューバダイビングのインストラクターが、熱帯の浅瀬で小型のサメに近づいていく。状況を思いのままにできるという自信にあふれていて、同行した旅行者にいいところを見せようという気を起こした。回っているカメラの前で、ダイバーはゆっくりと無害に見えるサメのほうへ泳いでいく。ついに顔と顔が近づいて口にキスをしようとした瞬間に、サメは豹変《ひょうへん》し、ダイバーの口と頰の肉を嚙みちぎった。あっという間の出来事で、スローモーションで見ないと何が起こったのかわからないほどだった。その後、サメは珊瑚のあいだをどこかへ行ってしまい、旅行者たちがダイバーを救出したが、緊急の外科手術をしなければならなかった。

「ニシオンデンザメもこんなふうに嚙みつくんだ」

たしかに一理あるが、それでも説明できない部分は残る。たとえば、サケはなぜニシオンデンザメにあれほど近寄ることができるのか。そして、ニシオンデンザメは泳ぐ速度がずっと速いオオカミウオやポロック、コダラをどのようにして捕まえるのか。

「ニシオンデンザメは葉巻のような体型で、尾びれは白い大型のサメと同じくらい強力だ。それを使って、たとえばクジラの死骸に穴を開けることもできる。速い動きをするための力だって、ちゃんと備わっているはずだ」と、ヒューゴは言う。

数時間経つ。ふたりとも満ち足り、ほかに行きたいところもない。景観とは、自分の目の前にあるものではない。自分を囲んでいるものだ。それは通りすぎ、あとにするような何かではない。スクローヴァ灯台の近くの自然の海流には、強いここの感覚があった。普段の生活の情報の流れからは、とても遠く感じられる。

わたしは舳《へ》先《さき》で半分身体を反らし、上を見ている。ウキは三〇〇メートルほど離れているが、まだしっかり視界に入っている。外海からはかすかな波だけが流れこんでくる。

日は短い。極夜の始まりまで、あとわずか数週間だ。北と東に星が少しずつぼんやりと現れ、頭上の、岸のない大海をゆっくりと漂う。星座が形を成していく。北極星はすでに明るく輝いている。飛行機か気象観測用ゴム気球か、何かの未確認飛行物体かと思うほどの大きさだ。宗教文学に登場するベツレヘムの星〔訳注：東方の三博士にイエス・キリストの誕生を伝えた星〕を誇張して描いたもののようだ。星は船上のふたりに、安全な港の方向を指し示している。

ガイドが欲しくなり、携帯電話を取りだす。カメラとGPS機能で星座を見つけられるアプリがダウンロードしてある。興味さえあれば、地球の裏側で見える星座までわかる。

　先史時代も含め、さまざまな文化で星空に規則性が見つけられ、しばしば神話の神々や生き物の名前がつけられてきた。今日使われている名前の多くはギリシャ人がつけたもので、彼らは発見したほとんどの星座をもとに複雑な物語を創作した（もちろん、誰も本当に星座を「発見」することはできない。純粋に人間の想像の産物だからだ）。たとえば、オリオンは実際には、蒼穹《そうきゅう》をめぐるプレアデス星団〔訳注：日本では「すばる」の名前で知られる〕の七人の少女を追い回す巨人ではない。ギリシャ人もそう信じてはいなかった。星空は彼らにとって自らの物語を映しだすキャンバスだったのだ。

　それはある意味で、科学的な活動だと言える。科学に不可欠なパターン認識が行われているからだ。漁師にとっては、海と天候、空を読むための基礎的な科学であるだけでなく、連続して起こる複雑なパターンを記憶し、つなげるものでもある。知的な才能に恵まれた者が、長期にわたり体系的な観察を行わなければ習熟することはできない。

　暦の出現は漁師に秘密の武器を授けた。海流や、海のあらゆる生命は月の状態に大きな影響を受けていたからだ。月と潮が満ちるとき、フィヨルドの水は増し、流れは強まる。それが魚の行動パターンに影響を与える。たとえば、漁師は満月のときにニシンを捕る場所を知っている。わずか二、三時間遅れただけで、ニシンは次の満月までやってこない。

　かつて、漁師にＧＰＳやソナー、音響測深機、携帯電話、あるいはたしかな天気予報といった道具がなかったころ、熟練の船長や漁師は、少なくとも地元の人々からは、今日の著名な科学者のような尊敬を集めていた。

不幸にも、かつて自然の微妙な違いを表現していた豊かな言葉は、ここ数十年のあいだに見る影もないほど貧しくなってしまった。言葉とともに、複雑な環境とのつながりに関する知識も失われた。さまざまな景観を見る目は衰え、意味を読みとれなくなり、景観の価値も失われた。また、人は短期的な利益を得ようとして簡単に景観を破壊するようになった。


そろそろ釣り糸を引き上げ、スクローヴァへもどらなくてはならない。だが、ふたりともまだその話をするつもりはない。静けさが心地よい。船の係留のことは忘れ、潮とともに漂う。見上げると星、見下ろすと海。星は揺れ、海は光を浴びて輝く。

宇宙から、メキシコ湾流は天の川のように見える。地球からは、天の川はメキシコ湾流のように見える。どちらも、大きな渦巻きのような形を含んでいる。SF小説に登場する宇宙船は、飛行機のような姿ではない。まるで船だ。そして星雲や電離圏嵐、ハリケーン、氷の塊などに突入する。船長はブリッジに立ち、心配そうな顔で甲板を見つめている。無事目的地へ着けるだろうか。宇宙船がひどい損害を受けた場合、脱出用カプセルを発射させなければならない。海の男たちが母船を捨て、救命ボートに乗るのと同じだ。宇宙の怪物も、海で発見される生物に似ている。

今日、科学者たちは新しいタイプの宇宙探査機をしきりに開発している。古いタイプの問題点は、動力が足りないことだ。新しいものは、高いマストに大きな帆を張るだろう。そしてスクーナー船か全装帆船のような姿で宇宙を渡っていく。

ポケットのなかに、平らな石がある。立ちあがってそれを投げ、水の上を跳ねさせる。ノルウェーでは、この遊びを〝ヒラメ〟と呼ぶ。子供のころには石が跳ねる回数を競ったものだ。軽すぎたり、平らすぎる石は、空中で回転してすぐに底へ沈んでしまう。重すぎたり、丸すぎる石は、うまく跳ねない。テクニックも大きな要因だ。久々に投げてみると、五回しか跳ねない。いちばん石が跳ねやすいのは波のない淡水だろう。そこでなら、二〇回以上跳ねることもある。

波紋は広がり、つぎつぎに重なりあって、海水の表層に丸い目をつくる。目という発達した視覚器官は、海中で目を使っていた多くの種が長い年月をかけて発達させてきた「テクノロジー」だ。人間の目で見えるのは、限られた波長の光だけだ。ガンマ線やエックス線、紫外線など、多くの種類の波や光線は見ることができない。それが見えたら、まるで異なる世界が見えるだろう。われわれは自分の目で、自分の役に立つものを見ている。近寄れば、肉眼で小さなプランクトンを判別でき、同時に、数千年前に爆発した数千光年離れた星も見ることができる。多くの人の虹彩はいくつかの色を持つ。近寄ってみると、虹彩は星雲に似ている。多彩な色で、小さな銀河や宇宙から見た海流のように見えることもある。拡大し、さらにもう一度拡大できるほどの無限の深みがある。望遠鏡の発達によって宇宙のさらに遠くまで見えるようになったように。

ギリシャ人は、地球がオケアノスという海流に囲まれており、それはまたすべての淡水の源であると信じていた。牛の頭と魚の尾で描かれるオケアノス神は、地の果てから昇っては沈む天体の運行を支配していた。古代ギリシャでは、地の果てとは海を意味していた。オリュンポス神とティタン族の戦いのあと、敗者たちは未来永劫さまよよう呪いをかけられ、奈落の底に封印された。その後、ギリシャ人が大西洋やインド洋、北海を探検し世界の新たな部分を発見すると、オケアノスは海の神に変わった。地球の海を表し、カニの爪でつくられた角とともに描かれる。しばしばオールや漁網、巨大なヘビとともに登場する。

「水と瞑想は永遠に結ばれている」と、ハーマン・メルヴィルは書いた。RIBのゴム製の側面に絶えず打ち寄せるさざ波に揺られ、心が遠くさまよう。

この水はすべて、いったいどこからきたのだろう？　その多くは、まだ幼年期にあった地球に太陽系の周辺部から氷の形で衝突した彗星《すいせい》がもたらしたものだ。そのころにはまだ、太陽もほかの惑星も完全にできあがっていなかった。

氷や岩、ちりでできた「汚れた雪だるま」は、いまも宇宙を巡っている。それらは太陽系ができたころ、飛びまわり、崩壊し、溶け、蒸発し、衝突や合体を繰りかえしていた物体の残りだ。数億年が経って、微惑星の暴走が収まると、しだいに太陽系は安定していき、大小の惑星が軌道を描くようになった。惑星内部から放出された水蒸気とガスから大気をつくるものもあった。

四〇億年以上前、地球にまだ大洋がなく、流動するマグマの海に覆われていたころ、宇宙からきたいくつもの物体が衝突した。その衝撃の強さで、地球から巨大な破片が宇宙へ飛びだしたこともある。そのうちいくつかが地球のまわりで軌道を描きはじめた。それが残ったものが現在の月だ。五億年ほど前には、地球は現在よりもかなり速く自転しており、月との距離も近かった。一日は二一時間で、一年は四一七日だった。同じころ、地球上では炎が燃えつづけられるだけの酸素が放出されていた。五億年――もちろん、キリスト紀元がつくられるまえの話だ。

数十億年のうちに、地球上では複雑な生命の網が発達したが、人間はいまだに、原始的とも思える行為をすることがある。たとえばヒューゴとわたしは、三五〇メートルの丈夫な釣り糸や、鎖、サメ用の釣り針を購入し、大きなクジラの脂肪を餌にして海に放り投げ、さほど使い途《みち》もない大きな魚を捕まえようとしている。と同時に、人間ははるかかなたの宇宙へ探査機を送ることもできる。

探査機ロゼッタは一〇年をかけ、地球から五億キロのところまで旅した。そこで彗星67P〔訳注：チュリュモフ・ゲラシメンコ彗星ともいう〕と遭遇した。それはゴム製のアヒルの玩具のような形をしていて、時速一万キロの速度で宇宙を駆けている。ロゼッタが投下した小型の着陸機フィラエは、彗星に着陸した。彗星の水の分析を地球に届けることが目的だった。世界の名だたる科学者たちが、地球の水のどの程度が宇宙からきたものであるかに関心を寄せている。ある仮説によると、地球はできて間もないころに大気を失い、われわれと宇宙を隔てるガスが消えた。しかし水などの分子を多く持った彗星が衝突し、新しい大気がつくられたという(4)。

残念ながら、フィラエは太陽電池の充電ができない角度に着陸してしまったが、電源を使い果たすまえにいくらかのデータを送信した。そして長い時間ののち、二〇一五年の六月に探査機は目覚め、ふたたび地球に短いメッセージを送った。

ヒューゴはヘッドセットをつけてラジオを聴いている。やはりこの状況を楽しんでいて、早くスクローヴァへ帰ろうとは思っていないようだ。手で合図をすると、ヒューゴはヘッドセットをはずす。わたしは地球になぜ水が存在するか知っているかと尋ねる。彼は笑い、頭を振ってヘッドセットをつけなおす。冗談だと思ったのだろう。

その答えはそれほどむずかしいものではない。宇宙に水が存在する唯一の理由は、水素が酸素と結びつくからだ。酸素原子の電子殻には、マイナスの電気を帯びた六つの電子が回っている。その電子殻には、ふたつ分の空きがある。そこにうまくあてはまるパートナーが水素原子だ。水素と酸素は共有結合し、H_2Oつまり水分子となる。

複数の水分子は水素結合によって隙間のあるつながりとなり、それぞれの分子はダンスのように、一秒間に数十億回パートナーを変えながら、つねにほかの分子と結びついている。

分子たちは目眩《めま》いがするほどの速度で新しい組みあわせで結びつく。文字どうしが結びついて新しい言葉、さらには文、そして一冊の本になるように。水分子を文字とするなら、海はおよそあらゆる言語を用いてこれまでに書かれたすべての書物を内包していると言えるだろう。言語や文字もひと種類ではない。たとえばRNAやDNAの内部では、離れてはまた結びつくらせん構造のなかで遺伝情報が伝えられ、花や魚、ヒトデ、蛍、あるいは人間を生みだす。海という豊かな言葉の宝庫から優しい風が吹く。頭上の光は雲を通り抜け、光線が不規則動詞のように変化しながら水に入っていく。

宇宙には膨大な量の水がある。しかしわれわれの太陽系では、液体の水はおそらく地球上にしか存在しない。(5) 太陽から適度な距離を保っているためだ。もっと遠ければ、氷か水蒸気になってしまう。精子のような形をした彗星が太陽から遠ざかっていくときのように。

地球は、不変の条件ではないものの、重力で大気を保てるだけの大きさがある。またたとえば映画『インターステラー』〔訳注:二〇一四年公開〕のように、強い引力を持つ巨大な惑星に近く、惑星全体が数百メートルの高さの波に洗い流されてしまうこともない。海王星の条件は過酷だ。時速二〇〇〇キロの凍てつく風が美しい白い表面に吹いている。平均気温はおよそマイナス二一二℃。太陽とわれわれの地球は、ほとんどの水が液体になる距離にある。この条件がなければ、水がたとえ存在するとしても、氷かガスになってしまう。それでは、現在のような生命は存在しないだろう。

東の山々がなす紺色の地平線の上に、星がつぎつぎに現れる。銀河や惑星は、終わることのない爆発で、より遠くへ向かって膨張している。その速度は落ちることなく、むしろ加速しつづけている。宇宙物理学者にもその理由はわからない。それを生みだしているのは「ダークエネルギー」だが、この名は単に説明のつかないものを意味する記号にすぎない。もっとも、宇宙のほとんどのエネルギーが暗い《ダーク》ものではあるのだが。理由はともかく、地球からもっとも遠い星は、その速度を増している。これは、数百万光年のかなたに宇宙の幕があることを意味する。その先はすべてが闇のなかであり、地球上にいるものにとっては永遠に知ることのできない星々が浮かぶ海の底だ。

　時間が遅くなってくる。いまや月がはっきりと見え、知らなければウキの場所さえわからない。ぼんやりと見えるだけだ。数ノットの速度で動いているが、ウキはずっと同じ場所で揺れている。ヒューゴはラジオ番組に聴きいっているようだ。あるいは、考えにふけっているのかもしれない。まだ、そろそろもどろうと声をかけるつもりはない。

　月の光は地球に到達するまでに一秒以上かかる。太陽光は八分だ。だったら、天文学者とは光の化石を探す考古学者であり、地質学者なのではないか。すべては、いまこの場で起きているのではない。われわれの見るあらゆることは、過去の出来事なのだ。いつも少しだけ遅れている。人との交流でも、あるいは自分の頭のなかですら、一〇〇万分の一秒の遅れが生じているのだ。

　われわれの天の川銀河は、何千億もの銀河のひとつで、直径は一〇万光年だ。ハッブル望遠鏡が発見したもっとも遠い銀河は、UDFj-39546284という無味乾燥な名前を持つ深紅の点だ。その銀河からの光が地球に届くまでに、数百億年かかる。その銀河は、何十億年も前にすでに冷たくなり、消滅している可能性もあるのだ。

これほど膨大な時間や距離を感じとることはできない。われわれはこの地球上で、木や車、机、山、岩、船といった物体や、獲物と捕食者、またはほかの人間との関係のなかで生きるようにつくられているのだ。それらについては、表面が滑らかさや固さ、あるいは友好的か敵対的かといった、もっとも重要なことを識別できる。人間は直に触れあうものと関わりあうようにできているのだ。それは宇宙でも、海でもない。無限とも感じられる海も、宇宙のなかではわずか一滴の水でしかない。

それでも、人間は海について多くのことを考える。たぶん宇宙のように、われわれの意識も広がりつづけているのだろう。


星についてこのように考えてくると、ある疑問が浮かぶ。宇宙のどこかに、生命は存在するのだろうか?

惑星の数は無数にあり、宇宙には果てがない以上、生命が見つかる可能性は高いはずではないだろうか。九九・九九パーセントの惑星は、発達した生命体を維持できる性質がないため除外されるとしても、まだ数千億が残っている。[6] 科学者たちは、存在する場所がどこであれ、生命はおそらく水に依存しているという点で見解が一致している。これは化学の問題だ。宇宙のどこでも同じ材料が使われるのだとしたら、水が、炭素とともに必要不可欠な要素であるはずだ。水があれば生命が存在するわけではないが、生命は水なしには存在しない。だから天体物理学者は、火星などの惑星を調査したとき、生命そのものではなく水を探したのだ。だがたいていは、ときには恐るべき量の、氷か水蒸気しか見つからない。二〇一一年、NASAのふたつのチームが、地球から一二〇億光年離れた場所にある準恒星状天体を囲む、大量の水蒸気の溜まりを発見した。水の量は、地球上の水の量の一四〇兆倍と推定されている。

ペンシルベニア州立大学（太陽系外惑星・居住可能世界センター）ではここ数年、数十万の銀河を調査し、生命を見つけようとしている。高度に進化した文化は熱を生みだすエネルギーを使うはずだという理論に基づき、中赤外線の量が通常よりも多い場所を探している。

二〇一五年の夏、NASAの科学者は、過去に発見されたよりもはるかに地球に似た環境を持つ太陽系外の惑星を見つけたと発表した。[7] 居住できる環境である可能性もある。しかしその惑星の太陽はわれわれの太陽よりもエネルギーの放出量が多いため、大気を持つ、岩の砂漠にすぎないということも考えられる。地球も、いずれそうなるかもしれない。現在、地球は大気と大量の液体の水だけでなく、栄養豊富な耕作に適した土壌にも恵まれており、それによって数十億の人や動物が食料を手に入れている。

さまざまな銀河からきた多種多様な客が仲間になったり戦ったりする『スター・ウォーズ』のバーのシーンは面白い。数千万の銀河があるとしても、バーにやってくる生き物は人類だけかもしれない。だが、そうではないと考えるのも悪くない。

鎖のようにつながった海底火山に沿って、〝煙突《チムニー》〟と呼ばれるたくさんの熱水噴出口がある。一九七七年に、そこに大量の生命が存在していることが発見された。あふれ出ているのは硫化物を含む熱水で、水圧のため温度は四〇〇℃にも達する。それまでは、そのような環境では生物は生きられないと考えられていた。ところがそこには微生物が、その周辺の水温八〇℃の場所にはより大きな種が存在したのだ。

深海には光はなく、それゆえ植物も生えていない。エネルギーは化学反応によって生みだされる。有害物質は細菌によって分解され、ほかの種の栄養になる。そこでは、生命は光合成ではなく化学合成によって維持されている。地球の生命は、そうした種類の深海の噴出口の近くで生まれたのではないかという説がある。また、生命はそこからは遠く離れた、星明かりが届く場所で生まれたという説もある。

ヒューゴはヘッドセットをはずし、周囲を見まわす。さまよっていた心がもどってくる。特別なときのために、ウィスキーのボトルを持ってきている。お祝いすべきことはとくになかったが、それこそ特別なことだという口実でボトルを開ける。ヒューゴは強い酒があまり好きではないが、たまたま木箱に入れたワインがあった。わたしはウィスキーをぐいぐい飲む。胃に入ったその熱が、小さなメキシコ湾流のように体の北から南まで巡る。ボートは酔ってはいないが、少しぐらつく。ヒューゴはもう一度あたりを見まわして、今度は時間の遅さに気づいたようだ。海の色もワインのような深みを帯び、ランプシェードに開いた穴から漏れる光のように星が輝いている。

ヒューゴが話しはじめる。叔父のアルネと一緒に〈ヘルネスン号〉でヴェスト湾を渡ったときのことだ。アルネは声が大きいことで有名だった。人を叱りつけたり怒鳴り散らすのが得意で、その大音声《だいおんじょう》で、五月一七日の憲法記念日や、村役場で行われる若者のパーティなど、騒がしい集まりのときはいつも他を圧していた。一四歳だったヒューゴは、操舵室の後ろの音響測深機やラジオが置かれた小さな部屋に入った。テーブルの上には、海図と一緒にノートが開かれていた。そこには、アルネ叔父さんの詩が書かれていた。その一節をヒューゴは永遠に記憶に刻んだ。「満天の星の下／今宵ここに立つ／舵を手にとりつつ」

スクローヴァ灯台の明かりが灯ったとき、ヒューゴが言う。「釣り糸を引き上げて帰ろう。ほとんど真っ暗だ」

光が暗闇を貫き、一瞬われわれを捉える。それからまた動いて、はるか海の先を照らす。

人間は意味のないものを考えだすものだが、およそこれほど意味のないものもあるまい。

16

動かないウキはつまらない。動きがないと、気持ちも離れていく。毎日、朝から晩まで海に出る。そして日が経つにつれ、何かが起こるという期待感は萎《しぼ》んでいく。ときどき針を引きあげて、脂肪がまだついているか確認する。嚙み跡はなく、海底の小さな寄生動物がついているだけだ。ニシオンデンザメは養殖もののサケは嫌いなのだろうか。ヤツメウナギなど、ほかの捕食者が先に撒き餌を食べてしまったのだろうか。一尾のヤツメウナギは、巨大なオヒョウをわずか二、三時間で食べ尽くす。だから漁師が釣り糸をいつまでも放置していると、引きあげたときには皮しか残っていないこともある。あるいは、クジラの脂肪が無臭で清潔すぎるため、サメが気づいていないのだろうか。

海に出るといつも、スクローヴァ灯台の揺るぎなく、まっすぐな姿が見える。海へ出るときも、もどってくるときも、すぐそばを通過する。三日目には、灯台の錯乱した目がわれわれをじっと見つめているように思えた。

もっと浜に寄って見上げてみたいのだが、海峡の海流のせいで意外にむずかしかった。これほど小さなボートでは、波止場につなぐことなく停泊させるのは簡単なことではない。

スクローヴァ灯台が建てられたのは一九二二年だ。それから一〇年間は、二家族がそこに同時に暮らしていた。それはおそらくいい考えだった。よく知られているように、人から隔離された灯台守は正気を失うことがあるからだ。多くは孤独に参ってしまう。おそらく精神的健康を促進するためだろう、ノルウェー灯台協会には灯台から灯台へと順に回る移動図書館があった。わたしの手元には、『アイスランド・サガ』のうちの数巻など、かつてその役目を果たしていた本もある。灯台協会のロゴは、かつて灯台に人が住んでいたころ、その本がノルウェーの灯台を巡回していたという証だ。灯台守が腰を下ろし、暗い冬のあいだ、窓を揺らす嵐のなか、アイスランドの物語を読んでいる姿を想像する。灯台での暮らしは憧れと夢に満ちていただろう。

霧がかかると、灯台はサイレンを鳴らしてその位置を知らせなければならなかった。一九五九年からは、〝スーパータイフーン〟という信号が使用された。それは深く悲しげな、数キロ離れていても骨の髄まで響くような音を発した。

戦争中、ドイツ軍がスクローヴァを占領した際、クルトという名の兵士が灯台の内部で首を吊って自殺した。スクローヴァの人々は、そのことを神話のように記憶にとどめている。

近ごろ、新たな悲劇が加わった。〈ロスト号〉というフェリーが灯台とスクローヴァのあいだを通って外海へ出たときのことだ。海峡に伸びる高圧線との距離を測ろうとしていたのだが、そこで致命的なミスが起こった。フェリーのマストから電線までのおよその距離を、釣り竿を使って測ろうとしたのだ。竿は電線に触れ、その乗組員は体に二万ボルトの電流を受けて即死した。

教会やモスク、宮殿といった壮麗な建物こそないものの、ノルウェーには灯台がある。スクローヴァ灯台が建っている小島は、少し大きな島の海側にある。灯台は、そこにまるごと空輸されてきたかのようだ。あるいは、自分で地面から生えてきて、石でできた植物のように毎年少しずつ伸び、予定された高さまで達したようにも思える。

だが実際は、かなりの労働力がつぎ込まれていた。灯台そのものと灯台守が住む大きな住居二軒は、石ひとつずつ、壁一枚ずつが、変わりやすい海流や荒れた天候のなか、船員と建築労働者、技術者の手によって船で運ばれた。

灯台の目にある反射鏡とレンズは、いくつかの科学的な成果の幸運な結びつきによって生まれた。そもそも灯台に要求されるただひとつのことは、遠方の海から見えること、つまり背が高くなければならないということだった。この構造的な要求があのもっとも調和のとれた屹立《きつりつ》した姿を生みだした。海にせりだした岬や崖、小島、フィヨルドのなかの島といった場所に設置されたことで、灯台は勝利や生命力のイメージを帯びた。文明によって、闇に光を放ち、自然の力に打ち勝つために建てられたようだった。その美しさは、海から見るときにもっとも際立つ。

スクローヴァに二曲の歌がある。そのひとつは灯台について、誰かが海のかなたからそれを見て書いたものだ。「これよりも誇り高き光景を見たことがあるか／岸に向かうスクローヴァ灯台は／雷光のように輝く」

スコットランドでは、一七九〇年から一九四〇年までに海岸沿いに建てられた九七の灯台すべてを、ある一家族が管理していた。スティーヴンソン家だ。『宝島』や『ジキル博士とハイド氏』といった名作を書いたロバート・ルイス・スティーヴンソンは、家族の伝統に従って灯台の建設技術者になるはずだった。裕福で著名な作家になっても、一族のなかでは、ずっとはみだし者とみなされていた。曾祖父や父、叔父、兄弟ら一族のほとんどの男性とは異なり、彼は灯台の計画や設計、建築に携わらなかった。スティーヴンソン家が建てた灯台はしばしば岩礁の上にあり、満潮時には波をかぶった。そこでは、北海と大西洋が交わって泡となり、高い荒波があらゆるものを洗い流した。

スクローヴァ灯台がサルトヴェール島に建設されるまえ、ほぼ七〇年間にわたり、いくぶんスクローヴァ港への入口に近いショーホルメンの小島に釣り灯台と呼ばれるものがあった。このショーホルメンの古い灯台は、ノルウェー北部で最古の灯台だった。一月一日から四月一四日までの、ロフォーテン諸島の冬の釣りシーズンにのみ、灯油の明かりが灯された。

スコットランドにはスティーヴンソン家があった。ここノルウェーでは、スンモーレ地方〔訳注：ノルウェー南部の大西洋側にある地域〕のヴォルダ基礎自治体にある、ダールスフィヨルドのモルク家がまさに同じ役割を果たしていた。オーレ・ガメルセン・モルクが一八二五年にルンデで最初の灯台を手がけた。その息子、マルティン・モルク・ローヴィク（一八三五〜一九二五年）は、一八五六年にスクローヴァの古い灯台が建設されたとき、すでに現場監督をしていた。

モルク家からは四代にわたって灯台建設者が生まれた。ただスコットランドのスティーヴンソン家とはちがい、建築家や技術者としてあまり創造性を発揮しなかった。夏場には灯台や航路標識、あるいは港や道路を建設する作業員を監視し、冬は釣りをして過ごした。初期の灯台は木材か石材でできた比較的低いものだったが、やがて鋳鉄製の細長い、空高く聳《そび》えるものに変わった。マルティン・モルク・ローヴィクの息子のオーレ・マルティンはノルウェーでもっとも高い灯台を建てた。フローヤ島のスレトリンゲン灯台だ(8)。

スクローヴァでもっとも有名な灯台守はエリング・カールセン（一八一九〜一九〇〇年）だ。彼は有名な発明家で、北極海に出る船の船長だった。子供のころから、水先案内人だった父とともに海に出ていた。三歳の冬に、カールセンは小型ボートでトロムソからトロンハイムへ連れていかれた(9)。一八六三年には、スヴァールバル諸島をはじめて船で周回した。その後、カールセンはさらに東のカラ海でもっと多くの島を発見し、遊牧民のサモエード人と友好関係を築いた。そして一八七一年には、オランダ人の航海士、北極圏探検家で、一五九六年にビュルネイ島とスピッツベルゲン島を発見したウィレム・バレンツの野営地をノヴァヤゼムリャ〔訳注：北極海にあるロシア領の列島〕北東部で見つけた。貴重な地図や本、中身が入ったままの棚などがノルウェーに持ち帰られ、当時としては高額の一万八〇〇〇ノルウェー・クローネで、あるイギリス人に売却された。翌年カールセンはユリウス・フォン・パイアーとカール・ワイプレヒトの北極探検にアイスマスター兼銛打ちとして参加した。アジアへ通じる北東航路を開くことを目指した探検だった。

資金を提供したのはオーストリア・ハンガリー二重帝国だった。最初の冬に、〈テゲトフ提督号〉は氷に閉じこめられた。ゆっくりと船は壊れ、ねじれて裂けた。乗組員は飢えや壊血病、結核、狂気、内紛に苦しめられ、死者も出た。二回目の冬を越し、彼らは船がそこから脱出することを諦め、氷上に三隻の小型ボートを出して外海を目指した。冷静なカールセンでさえ、この時期には平静を保つことはできなかった。流氷の流れに任せて三か月の苛酷な試練に耐えたとき、ようやくノヴァヤゼムリャ沖でスクーナー船に乗ったロシア人サケ漁師と出会った。ロシア人たちは疲弊しきった人々を、ノルウェーの北東の端に近いヴァードーへ連れていった。

この探検の様子はオーストリアの作家クリストフ・ランスマイアーによる歴史小説『氷と闇の恐怖』に描かれている。素材にしたのはオーストリア人参加者の日記と覚え書きだった。船が氷に閉じこめられているあいだに、ユリウス・フォン・パイアーは犬ぞりで北へ向かった。そして北極海とバレンツ海、カラ海に浮かぶ一九一の島からなる群島、フランツ・ヨーゼフ・ランド〔訳注：ロシア名ゼムリャ・フランツァ・イオシファ〕を発見した。だがオーストリアに帰ると、誰もその話を信じようとしなかった。氷に包まれた荒れ地を描いた絵画も多くの人に観てもらうことはできず、フォン・パイアーは一九一五年に絶望と孤独のうちに死んだ。

エリング・カールセンについて、ランスマイアーはこう書いている。「この老人は人生の長い時間を北極海で過ごし、高級船員たちのいる席に招かれたときはかならずかつらを着用していた。とくに崇拝している殉教者の祝日には、毛皮の上に聖オーラヴ勲章をつけた（だが、オーロラの波打つベールが空にきらめくと、エリング・カールセンは自分の体から金属製のものを、ベルトのバックルにいたるまですべてはずした。降りそそぐ光の調和を妨げず、光の炎が自分に向かわないようにするためだった）[10]」

カールセンはその働きによって、オーストリア・ハンガリー二重帝国の勲章を受けた。極地に関する研究者で同時代に生きたグンナー・イサクセンによる小伝で、カールセンはこう書かれている。「個人的生活では幸せではなく、ふたりの息子は悲劇的な運命に見舞われた。カールセンと旅をした者は、熟練の船員で漁師だったと語る。何かに取り組んでいるときには、彼を満足させることは不可能だった。だがそれ以外は、気持ちのいい人間だった。きわめて愛想がいい、とさえ書かされている[11]」

一八七九年、カールセンはスクローヴァ灯台の管理を任され、一五年を過ごした。体はかなり丈夫だったにちがいない。だが同時に虚栄心が強く、迷信的とさえ言えるほど宗教心は篤かった。金のイヤリングをつけていたが、オーロラが出ているときにははずした。

嵐のさなか、灯油のにおいがするランプのそばにすわってスクローヴァへの入口の海を眺めながら、カールセンはきっと自分の人生を思い返しただろう。たくさんの経験をし、誰も見たことがない土地を目にしてきた。彼にとって、北極圏の氷や島々は何もないまっさらな場所などではなく、生命にあふれ、それぞれに明確な特徴がある土地だった。そのことを、彼はおそらく地球上の誰よりもよく知っていた。

ヒューゴとわたしに視線を注ぎつづけているのは、カールセンが暮らした昔の灯台ではない。「新しい」スクローヴァ灯台は、一九二二年にサルトヴェール島に建てられた。そのころに建造された多くの灯台と同じく、色は赤褐色で、二本の幅広い白い縞がある。セーターを着た、痩せた謹厳実直な人物のような姿だ。

新しいスクローヴァ灯台はカール・ウィーグによって一九二〇年に設計された。彼はフィンマルク県〔訳注：ノルウェーの最北部にある地域〕最北部のマーゲロイ島のゲスヴェールという昔ながらの漁村に生まれた。ノールカップから直線距離でわずか一六〇キロほどのところだ。父親はノールカップ岬のやや南西寄りのライルポーレンの商人だった。ウィーグはスクローヴァ灯台を設計したとき、わずか二五歳で灯台協会に採用されたばかりだった。もちろん、ほかの経験豊富な設計者や技術者が指示や忠告をしただろう。このときもまた、実際の設計を行ったのはヴォルダのチーム[12]だった。責任者は、クリスティアン・E・フォルケスタッド。フォルケスタッドを拠点とする彼の一族は、ダールスフィヨルドの対岸のモルク家と同じく、海岸沿いの灯台建設を数世代にわたる家業としていた。夏になると、ダースフィヨルドのほとんどすべての農場から北部へ作業員が送られた。トロンハイムの工科大学〔訳注：NTH（Norges tekniske høgskole）。現在は改組され、ノルウェー科学技術大学に含まれる〕の記録によると、ウィーグは一九一〇年から一九一五年のあいだに試験を受けた約二五〇人のクラスで最下位の成績だ。つまり、フィンマルク出身の落ちこぼれがスクローヴァ灯台を建てたわけだ。[13] わたし自身もフィンマルクの出身で、地元のサーミ人〔訳注：スカンジナビア半島北部に居住する先住民族〕はそこをアッコラグナルガと呼ぶ。それは文献によれば「ニシオンデンザメの岬」を意味する。その名の理由は、学識のあるサーミ人にもわからない。わたしの知るかぎり、海岸サーミ人はニシオンデンザメを捕獲しない。そんな必要はどこにもないのだ。このサメは、肉は食べることができず、数百メートル深海を泳ぎ、小さなボートでは扱えない。まるで訳がわからない地名だ。

スクローヴァ灯台の目は、整然と渦を巻く海流のなかのふたつの小さな点のように、六ノットの速度で通過するわれわれを見下ろしている。ウキが離れてしまって見えなくなると、ヒューゴはモーターを回し、もとの位置へもどる。だがほとんどの時間はボートにすわり、半分眠りかけ、ときどき話をするほかはそれぞれの思考や連想の静かな波に従う。まだふたりとも、自分たちの任務を疑ってはいない。ニシオンデンザメはわれわれの下を泳いでいるし、そいつを海面に引きあげることができるという自信もある。

アザラシやネズミイルカが海面から顔を覗かせる。われわれのことを認識しはじめたのだろう。ここで何をしているのかと疑問に思っているかもしれない。われわれは陸の生き物で、彼らは海の生き物だ。浅瀬にきたり、海岸のほうを見るとき、彼らが目にするのは危険で馴染みのないものばかりだ。

このところ、海は灰色がかった青で、稀なほどの静けさだ。水は穏やかで淡く、弱々しい。涼しく、澄んだ秋の一日。ヴェスト湾の両岸で、いちばん高い山頂にはすでに雪が見える。ロフォーテン・ウォールのシルエットは、まるで鋭いナイフで削られたかのようだ。だがほかの山並みはなだらかで、際立った明暗も影もない。南西の空に浮かぶ雲は輪郭がはっきりとし、大理石のように細い筋が入っている。「海ほど広いものも、忍耐強いものもない(14)」

そのときどきに見えたものを話題にすることが多いが、待つばかりですべてが静かなときには、ときどきおかしな方向へと会話が逸《そ》れていく。ある午後、わたしは中世の動物たちは人間の法を破ったとして出廷したことがあり、しかもそれは一八〇〇年代までつづいていたという話をする。犬やネズミ、牛、あるいはヤスデまでもが、起訴され、殺人や不適切な行為などの罪状で投獄された。弁護人が指名され、目撃者が召喚されるなど、それは当時の法的手続きにのっとって行われた。スズメは礼拝中に騒々しくさえずった廉《かど》で罪に問われた。幼い子供を襲った豚は死刑を宣告された。フランスでは、スーツに身を包んだ一頭の豚が絞首台へ連れていかれ、首を吊られた。一七五〇年に、あるロバが不幸な事故を起こしてしまったが、以前は潔癖な生を送ってきたという神父の証言によってようやく無罪になった。今日では、こうした行動は理解しがたいものだ。おそらく、彼らは混沌と無秩序を恐れ、自然もまた道徳律によって支配しうると信じていたのだろう。

ヒューゴは、ゾウのトプシーのことを知っているかとわたしに尋ねる。聞いたことはなかった。「ゾウのトプシーはふたりの飼育係を殺し、一九〇三年にニューヨークの遊園地で、入場料を支払った観客の前で公開処刑されたんだ」。そこで、劇的な効果を出すためにいったん言葉をとめてから、ヒューゴは付け加えた。「彼らは銅のサンダルのようなものをゾウの足にはめ、その体に七〇〇〇ボルトの交流電流を流した。最初の計画ではクレーンから首を吊る予定だったが、実行にあたって困難が生じたんだ。この見世物は遊園地の宣伝のためで、トーマス・エジソンの映画会社がその様子を撮影した。映画のタイトルは『あるゾウの電気処刑（*Electrocuting an Elephant*）』という」

17

新たな秋の嵐がスクローヴァを直撃し、穏やかで波のない海は終わった。ボートを浮きドックにしっかりと固定し、嵐が過ぎるのを待たなければならない。嵐は南西からやってきて、湾を直撃した。フェリーや双胴船の出航も中止になる。夜になっても、あまり眠れない。

海の魔物が、冬の夜の闇のなか、ボートをひいてフィヨルドを叫びながら進んでいく。オーショル・ステーションの下では、波が岩や埠頭の柱に打ちつけている。風は音を立てて四隅を吹きすぎ、嵐が猛威をふるうたびに建物がうなる。どこかが、ひょっとしたら屋根全体が、低い音を立てて振動する。遠くのチェーンソーの音を山小屋のなかで聞いているようだ。閉めきった引き戸はレールの上で揺れ、引き裂くようなこだまがステーション中の部屋から部屋へ伝わる。波も風も建物を通りすぎていく。隙間やひび割れ、小さな裂け目がいたるところにあり、そこから空気が吸いこまれてくる。

合唱やオルガンが響く大聖堂のように、建物すべてが音に包まれている。一切の音が豊かで複雑な轟音へと溶けあう。埠頭の下から、鮮やかで不規則なしぶきの音が聞こえ、湾の反対側からくる低い波音に重なる。ステーション全体が、停泊地を離れた木造船のようにたわみ、軋《きし》る音を立てる。

わたしはベッドに横たわって音を聴いている。外からの轟音にほかの音が混じってくる。もっと近く、大きくもなければ複雑でもない音だ。建物のなかからにちがいない。何か、あるいは誰かが屋根裏に登り、すすり泣くような音を立てている。鳥が入ったのだろうか。眠ろうとするが、痛ましいすすり泣きはやまない。音がやむと、ただの想像だったかと思う。だがしばらくするとまた聞こえてくる。上がって確認すべきなのかもしれないが、屋根裏は広く、物だらけなうえ、電源も明かりもない。しかも、体は冷えきっている。バッグからセーターを取りだして着る。上へ行こうという考えが頭をよぎるが、ベッドに潜りこんで眠りに落ちる。

絶え間ない、泡だった波が足元を洗う。夢のなかで、切りたった崖の下に立っている。目の前に広がる海はふいに隆起して津波になり、昔の難破船やクジラの死骸、漂着物など、海底に沈んでいたものを壁にして、それを押しながら進んでいく。海藻とビニールに絡まったタコが復讐の女神のように足をばたつかせている。サギフエや、膨張してヌルヌルした深海の生物、古い本のなかにしか出てこない獣や怪物が見え、そのすべてがこちらに向かってくる。海と崖のあいだの岩棚からは逃れられない。そして、まさに津波に包まれる、という瞬間に目が覚める。夢だ。まあ、夢のなかでも夢だと思ってはいたのだが。

だが、まだ何かがおかしい。屋根裏から、また押し殺したようなすすり泣きが聞こえる。このときはズボンをはき、ロウソクに火をつけ、上に向かう。風の強さに、ロウソクが消える。階段の途中で止まって、それをつけなおす。立っていると、はっきり女性の泣き声と思われる音が、屋根裏のいちばん奥から聞こえてくる。この建物のなかには、あとふたりしか人はいないはずだ。ヒューゴとメッテは部屋で寝ている。わたしの部屋の隣だ。ふたりとも、夜中に屋根裏に登ろうとはしないだろう。そんなはずはない。屋根裏では何もすることはないし、ましてや誰かが泣いているわけがない。

長いこと、オーショル・ステーションで誰にも会っていないため、遠い海で船に乗っているような感覚だ。メッテとヒューゴに来客の予定があれば以前から聞いていただろうし、客人は夜中に屋根裏に上がったりしない。この島では考えにくいが、もし侵入者だとしても、屋根裏へ登る方法はまずわからないだろう。階段は真っ暗な広い建物の二階の隅のほうに隠れている。扉には鍵がかかっていないが、嵐を避けるために誰かが入りこんだとしても、隠れられる場所はほかに三〇部屋もある。それに、屋根裏への登り方をたとえ探したとしても、見つかるはずがない。

きっと怪我をした鳥だ。それともカワウソか。いや、カワウソが潜りこんだら、一階の干しダラをくすねて、人がきたら海に飛び込めるようにそこにいるだろう。カワウソが上の階へ上がるわけがない。オコジョか？　部屋から部屋へと探検して、一階ずつ上がっていき、逃げ道を狭めるのはあまりに危険だ。やはり鳥だろう。だが、それもあまりありそうにない。鳥だったら、羽ばたきはしても、悲しみに沈んだ女性のような鳴き声はあげないだろう。

屋根裏の床が滑りやすくなり、濡れていることに気づく。床板をヌルヌルしたものが這《は》っていったかのようだ。ますますはっきりしてきた音は、きっと子供か女性だ。女性にちがいない。しかも誘惑するような声だ。海から憂鬱な音が入ってくるが、ほとんど風にかき消される。だが歌っているのは、風でも波でもない。さらに奥へ進んでいくわたしとその声のあいだに壁はない。ロウソクのかすかな明かりしかないため、引き綱に足を引っかけたり、錆《さ》びた樽の箍《たが》で怪我をしないよう注意しなければならない。

セイレーンの誘うような歌声を乗組員が耳にすると、その船は座礁した。魔女のキルケはオデュッセウスの部下を豚に変えた。わたしはいま屋根裏の隅にいて、その姿を見る。怖くはない。

それがなんであれ、わたしを傷つけはしないと知っているからだ。シルエットは曖昧だ。慎重に近寄りながら、目の前のものの形をたしかめる。長く、美しい髪と、豊かな胸がある胴体が見え、しかし下半身は……魚だ。これは……

そこで目が覚める。海に潜っていたかのように体は汗にまみれている。

翌朝、目を開けると、体の調子がよくない。夜中、壁越しに叫び声が聞こえてきた、とヒューゴは言う。暗い海の波に飲まれそうになっていたんだ、とわたしは答える。起きあがって歩きまわる音も聞こえたぞ。それについては、まるで覚えていない。

18

釣りに出られないので、ヴェスト湾のニシオンデンザメは、小さなＲＩＢで頻繁に海面に浮いている男ふたりの脅威も感じることなく、気ままに過ごしているだろう。

嵐の二日目、風はいくぶん弱まっており、スクローヴァの崖と海岸沿いを歩く。暗い灰色の海に、白い大波が砕ける。夜のあいだずっと海はかき回され、渦を巻いていた。岬では大量のポロックが浜に打ちあげられている。海流が深い層の水を海面に押しあげ、海岸に運んできたにちがいない。だが魚がそこにあるのも短いあいだだけだ。野生のカワウソやミンク、キツネ、カラス、カモメ、ウミワシなどに食べられてしまうだろう。その近くには、すでにガスで膨らみはじめたアザラシの死体がある。

オークニー諸島〔訳注：イギリス・スコットランドの北にある〕にはセルキー、つまり海を泳ぐことができる「アザラシ男」にまつわる伝承がある。陸上では普通の男性のような姿をしているが、稀にみる優美な外見で、若い女性を危険に陥れる。ノルウェー北部では、人々はかつて海の幽霊〝ドラウゲン〟を恐れていた。その特徴は、語る者によってさまざまだ。たとえば、ドラウゲンは溺死した船員の幽霊であるとされた。恐ろしい赤い目を持ち、革製の時代遅れのベストを着ている。頭には海藻の塊しかない。現れるときには帆がずたずたで、船体が半分しかない船に乗り、生きている者の船の横につける。叫びながらついてきても、決して返事をしてはいけない。ドラウゲンを見ることとは、たとえその場で海に引きこまれなかったとしても、死の前兆を意味する。また、姿を隠したまま人を死に至らしめることができる。夜、停泊している船の装備に手を出すこともある。もしオールの向きが変えられ、水かきが前方を指していたら、舳先にすわる人にとって不吉な運命を示している(15)。

ヒューゴの知りあいには、ドラウゲンにくわしい年配の漁師が多い。彼らにとってその物語は単なる言い伝えや神話ではなく、もっと現実的なものだ。面と向かって尋ねてみても、ドラウゲンの存在を信じているとは言わないだろう。荒唐無稽な話だということは承知しているからだ。それでも、多くの漁師の心のなかにはこの海の悪霊が棲んでいる。

海岸が途切れ、岩を乗り越えてさらに進む。その先には、新しい海岸線が続いている。きれいに洗い流されていて、昆布も草もない。海がすべてをさらったあとだ。端に進水台があり、錆びたレールが海中へ伸びている。子供のころには、よく鉄道の線路が傾斜した岩場や海岸に置かれているのを見たものだ。それは倉庫や造船台から海へ船を出し、また収納するのに使われていた。わたしはよく、そこから出発し、海底を進んでいく列車を想像した。防水処理がなされた客室から、窓の外に広がる幻想的な光景が見えるだろう。

いくつかの岩を越えていくと、島の西部へ進んでいくほどに嵐が強まる。急に濃い藍色になった空が、海と島々の上に低くのしかかっている。シンバルとバスドラムが同時に鳴り響く。かつてハリケーンに遭遇したことがあるが、その音は忘れられない。普通の嵐はヒュウヒュウ、あるいはビュウビュウと吹く。だがハリケーンでは、こうした聞き慣れた高い音は消えてしまう。残るのは低く、暗く、貫くような音で、まるで宇宙の魂が冷たい怒りとともに自らを誇示しているように思える。

空気には潮の香りと、清らかで、だがわずかに腐ったようなにおいが混じっている。蒸し暑い夜に、ふたりの人間が窓を閉めきって、ベッドの上で体を重ねているときを思わせる。水が狭い岩間から押しよせ、山にぶつかって間欠泉のようなしぶきを上げる。そのたびに水は小さな破片を剝がし、海へ持ち帰る。その破片は、いつの日かどこか遠い海岸の砂になるかもしれない。

波の先端から、風が小さな滴をさらい、それが重さのない雨のように陸に降りそそぐ。波が岩に当たり、砕けて霧になる。水分子は世界中の海で踊り、ばらばらになり、蒸発し、冷却され、やがて新しく結合する。わたしの顔を打った水滴は、メキシコ湾やビスケー湾を通り、ベーリング海峡〔訳注：シベリアとアラスカのあいだの海峡〕を抜け、何度も喜望峰〔訳注：南アフリカ南端の西側にある岬〕を越えただろう。大小さまざまな海で、永遠の時を過ごしたかもしれない。雨として、乾いた土地に降りそそいだだろう。そして動物や人間、植物に飲まれ、吸収され、やがて蒸発し、発散し、あるいは海に流れ着いただろう。数十億年のあいだ、水分子は地球上のあらゆる場所を巡ってきた。

海は崖と岩に当たり、轟きと鋭い音を立てる。風が雲を散らすが、太陽は姿を現さない。水平線は湿り、灰色がかった緑の光が、海岸に打ちつける水の向こうから照らしている。わたしは急に、波がいま自分のいる場所まで届くのではないかと怖くなる。いや、そうではない。海がそう企んでいるという、説明のつかない恐怖を覚えている。そんな馬鹿なことはないと笑いながらも、わたしは大きな岩によじ登る。カモメもいくらか高い場所へ避難している。

海はすべての源だ。はるか太古の波は、海辺の誰も入れない洞窟にこだまする小さなしぶきのように、われわれのなかを流れている。激しい嵐のなかで海岸に立っていると、ときに海がわれわれを連れもどそうとしているように感じられる。水平線のかなたでゆっくりと力を蓄えている波は、どこへ、どのように行けばよいか、あらかじめ知っているようだ。それは風の助けを借り、完璧な動きとリズムで海岸に達する。最初の波をつぎの波が押し、自由に進むよう促す。陸に近づくにつれて速度は上がり、力をあわせてさらに高く飛ぶ。

海岸では、恋が始まったばかりのふたりが歩いているとしよう。あるいは、チェコからきた仲たがいしているカップルか、新品のカメラを持った地元のアマチュア・カメラマン、もしくは退屈して家を出てきたが、まだ自分の死のことなど考えてもみない十代の若者たちでもいい。みな安全で温かい家や、快適な山小屋、ホテルの部屋を出て、ここで嵐の脅威を自分の体で感じようとしている。

彼らは歩く。寒さに少し震えてはいるが、屋外で猛威をふるう力を安全な距離から楽しんでいる。荒れた海を見ているうちに、地球の歴史の長さに誰かが思いを馳せるかもしれない。広い海面で、風が波を歪ませ、白髪のような泡が飛び、低い轟音が響いている。そしてさまざまなものが先史時代から変わることのない海を思わせる。

かつて、大波は〝波に乗る馬《ブリムヘスター》〟と呼ばれた。海岸へ押しよせる波は馬のたてがみに似ているためだ。いま、見物人たちは巨大な波を見ている。たぶん、海がそのようなものをつくりだせることすら知らなかっただろう。それは陸を目指し、背を口のように大きく開いている。探るような海水の舌が伸び、ますます高く、ほかの波よりもはるかに長く伸びて、海岸線を大きく越えて急勾配の坂を登ってくる。この波はほかのものとちがう。巨石や険しい岩山を越え、さらに数メートル、波がこないはずのところまで到達する。波がタコの足のように伸びて、無防備な人々を狙う。

膝にも届かないくらいだが、その強さに人々は足を取られる。この一瞬の出来事がなければ、たとえ九〇年そこに立っていたとしても足が濡れることはなかっただろう。ふとした気まぐれでそこへ行かなければ、家で普段どおりの生活を送っていたかもしれない。

波は人々を押し倒す。これだけならまだ、翌日の昼食のときに披露するちょっとした失敗談というくらいで済んだだろう。だが、波は海に帰らなくてはならないし、ついでに通り道にあるものをすべて連れていく。滑りやすい巨石やつるつるの岩の上で滑り、あるいはフジツボでこすって血を流し、摑まるものを失い、人々は何か握るものがないかと必死で手を動かす。昆布や砂を摑むが、無駄だ。引き波は強い。はじめは虚を突かれ、このいたずらは誰のしわざなのかと、一〇分の一秒ほど互いに顔を見交わす。そして、笑いごとではないと悟る。衝撃と恐怖が白い稲妻のように体を貫く。脳の数か所が同時にそれを察知する。時間が凍りつく。アドレナリンが放出され、体内の警戒警報がいっせいに鳴り響く。荒れた天候のなか気楽な外出を楽しみ、夕食前に少し腹を空かせるくらいのつもりが、人生最後の行動になろうとしている。これまで歩んできた人生は劇のように色とりどりの楽しみに満ちていた。だが、その進行は突然速まり、いまやあっけなく幕切れが迫っている。

海は舌をしまい、唇を舐《な》めて口を閉じる。白い泡が筋のように残るが、それも間もなく消える。海中で、人々は洗濯機のなかのようにかき回され、もはや上下の区別もない。あるいは岩に打ちつけられて意識を失い、そのあとで命を落として遠く、深く流されたかもしれない。遺体は発見されないだろう。それは永遠に消える。秋や冬、嵐が海岸沿いを襲う季節には毎年起こる事故だ。

夜にかけて、海で西から雷が鳴る。大きく黒い雲の塊がスクローヴァを覆い、月を隠す。停電し、暗闇に包まれる。底なしの夜が嵐とともに訪れ、すべての物と人を引きこむ。

19

朝までに嵐はやや静まるが、われわれの漂う小島はまだ渦巻く海のなかにある。天気予報によれば、あと数日はとても海へ出られない。そこでわたしは読書をしながらノートを取り、ヒューゴは赤い家で大工仕事をつづける。幸い、屋内でラジオを聴きながらできるくらい仕事は進んでいる。ヒューゴははずしたヘッドセットをどこかへ置き忘れる癖があり、それを探してうろつくのはいつものことだ。

悪天候のおかげで、持ってきた本を読む機会ができる。白い表紙の分厚い本を取りだす。それはおよそ五〇〇年前にラテン語で出版されたものだ。著者のオラウス・マグヌスが、当時の海、とりわけノルウェーやアイスランド沖で見つかった洗練された怪物について書いていることは知っていた。彼が本に記述した海の怪物を描きいれた地図は見たことがある。一五三九年刊行の『カルタ・マリナ（*Carta marina*）』だ。

オラウス・マグヌスはリンシェーピン出身のスウェーデン人オラフ・モンソンのラテン語名だ。カトリックの司教だったが、スウェーデンが新教国になると、はじめはグダンスク、のちにはローマでの国外生活を余儀なくされた。ローマでは『カルタ・マリナ』と北方の民族に関する歴史の記述に取り組んだ。その本『北方民族文化誌』は、一五五五年にローマ教皇ユリウス三世の支援によって出版された。この歴史書は、全二二巻、七七八章からなる。わたしの持っているスウェーデン語版はびっしり字の詰まった一一〇〇ページを超える本で、一冊ですべてが収録されている。この本は豪華な宝の山だ。オラウス・マグヌスは著名な人文主義者で、きわめて豊かな学識を持ち、しかもあらゆるところから、とりわけ古典作品から知識を得ようとしていた。

当時の伝統にのっとった書名から、その内容について多くのことがわかる。それは、『北方の人々、彼らの諸関係や環境、その風習、宗教的慣習と迷信、技術と職業、社会的慣習と生き方、戦争、建築と道具、鉱物と鉱山、北方とその自然に生息するほぼすべての動物に関する驚くべき事柄の記述。多様な内容を含み、広範囲におよぶ知識と、部分的に外国の例で説明し、部分的に国内の事物を描き出し、高度に慰みと娯楽の用に供することを意図し、読者を啓発することを目指した作品[16]』という。

これは重要な作品で、つぎの世紀のあいだに英語、ドイツ語、オランダ語、イタリア語に翻訳された。彼の目的は北方に関する、見つけうるあらゆるものを収集することだった。第二巻で、彼は早くも「水の元素、とりわけノルウェー北部に接する果てしない海とその地域の無数の島々に関する驚くべき現象についての大量」の記述を始める。この巻では、著者はアイスランドの火山について論じている。それは彼にとって、溺れ死んだり、あるいはとくに残酷な死に方をした人々の魂や影が残っている場所だった。その幽霊のようなものの姿は生者と区別がつかないが、人間と握手をしようとしない。また、オラウス・マグヌスは海岸沿いの洞窟から聞こえる恐ろしい音や干し魚の悪臭、氷の奇妙な性質、グリーンランド・イヌイット、フェロー諸島〔訳注：ノルウェーとアイスランドの中間に位置するデンマークの自治領〕の謎めいた崖、ノルウェー沖の海岸のはかりしれない深さ、スウェーデン北部の川についても書いている。

この著作には、有名な『カルタ・マリナ』でくわしく描かれた幻想的な生き物（とりわけ怪物）に関する補足的な記述が含まれている。現在では広く知られているこの地図は、一五八〇年ごろには一枚残らず失われてしまっていた。一八八六年にようやく、ドイツのミュンヘンの図書館で複製が発見された。一九六二年にはスイスで別の複製が見つかり、スウェーデンのウプサラ大学図書館に収蔵された。この貴重品は、もしかしたら永遠に失われていたかもしれないのだ。

オラウス・マグヌスは陸上と海上、そしてスカンディナビア内外に長い旅をしながら膨大な研究を行った。ノルウェーの海についても多くのことを書いているが、自分で訪れたかどうかは定かではない。研究対象は幅広く、その基になっているのはおそらく漁師や船乗りの言い伝えだ。さらには、有名無名の古代の著者たちによる、「素晴らしく永遠の豊穣性をもった」海での現象やそこに棲む生物に関するあらゆる記述だ。

当時の学識者の共通見解にしたがって、オラウス・マグヌスは地上で見つかるあらゆる動物すべてに対し、海中にもそれと対応する動物が存在すると信じていた。植物についても同様だ。海の植物は陸のものと同じだけの多様性がある。オラウス・マグヌスによれば、海には鳥、植物、そして動物、つまりライオンやワシ、ブタや樹木、オオカミ、バッタ、犬、ツバメといったすべてに対応するものが生きている。そのリストは相当長い。南風を呼吸することで大きく肥える動物もいれば、北風を吸いこむことで成長する動物もいる。

『カルタ・マリナ』にはスカンディナビア半島やデンマーク、スコットランド、フェロー諸島、オークニー諸島やシェトランド諸島〔訳注：オークニー諸島のさらに北側に位置する〕、アイスランドの森や山、町、人々、そして動物たちの絵も含まれている。オークニー諸島に描かれているのは、おとぎ話に出てくる動物のようだ。そこに生えている木の果実からは、アヒルの子が孵《かえ》るという[17]。

だがおそらく、『カルタ・マリナ』を有名にしたのは、国々のあいだの海にいる怪物の絵の際立った写実性だろう。地図の北と西の部分はほとんどが海だが、そこには驚くべき怪獣の姿がいくつも描かれている。恐ろしく光る赤い目を持ち、下顎に牙が生えているもの。船をまるごと飲みこむ邪悪な生き物。体の大きさからして、いかにも恐ろしげだ。オラウス・マグヌスは書物のなかで、船員が気づかずに海の怪物の背中のうえに錨を下ろし、そこを陸地だと思って火をつけ、料理を始めたことを詳細に記述している。もちろん、火の熱さでその巨大魚は目を覚まして動き、その背中に乗っていた人々は海の底へと沈んだ。

『カルタ・マリナ』には、イッカク、巨大なトビウオ、角のある海牛、海のサイ、雄牛ほどもある海馬（タツノオトシゴ）、毒を持つアメフラシ、ウミケムシ、一〇本の爪のひとつで人間を船から持ちあげ、海底で待つ家族のところまで引きずりこむポリプなどが描かれている。

オラウス・マグヌスの時代、海に生きる人々の生活は楽ではなかったはずだ。彼の地図の複製を見たり、ラテン語を知っていて本を読むことができた者は恐れおののいただろう。海の危険については、すでにたくさんのことが知られていた。だが学殖豊かなオラウス・マグヌスによる怪物の驚くべき図録は、港でいちばん薄汚い食堂で耳にする噂《うわさ》以上に恐ろしかった。それが原因で陸《おか》の仕事を探そうとする者がいたとしても不思議ではない。

たとえば、フェロー諸島沖の海に描かれているアカボウクジラに遭遇したら、どうすればいいのだろう。この巨大な怪物はフクロウのような顔で、背中は不格好に曲がっている。背びれを使って獲物を突き刺し、あるいは船の底に大きな穴を開け、そこから乗組員を飲みこむ。

また、毛皮を持つ海ブタもいる。それは巨大化したブタのようだが、竜の足と、体の両側にふたつ、腹部のへその近くにひとつの目を持つ。海ブタには「同伴者」の海子牛が連れ添っていることがある。それぞれが充分に邪悪なのだが、ともに現れると悪逆のかぎりを尽くす。遭遇しうる襲撃者のなかでも最悪のものたちだ。

オラウス・マグヌスは、海ブタは一五三七年に「ドイツの海で」目撃されたと書いている。ヴァティカンの教皇庁は、それが何の前兆なのかを調査した。ローマの学者らは、海ブタは決して吉兆ではないと判断し、教皇の諮問機関は結局、その動物が――それにまつわる物語ではなく、その獣自体が――その逸脱した身体的特徴によって、真理のゆがみを象徴するものであるとの結論を下した。

この本には、船乗りへの実際的な忠告も多い。たとえば軍隊ラッパを鳴らしていると、近寄ってこない怪物もいる、など。潮吹きクジラ、つまりマッコウクジラに関しては、たしかにそうだ。多量の潮を吹き、最悪の場合には大型の船舶でも沈めてしまうことがある。マッコウクジラは軍隊ラッパの音が嫌いで、はかりしれない深海へと「逃げ」もどってしまう。この事実の根拠として、オラウス・マグヌスは古代ローマ時代の地理学者ストラボンと、博物学者大プリニウスという権威の言葉を引用している。また、海の怪物に大樽を投げろという忠告もある。そうすれば、怪物たちは攻撃をやめて遊びはじめる。それでもうまくいかなかったら、投石機や大砲で攻撃せよ。その爆発音の大きさで、怪物たちは逃げだすだろう。

船は鳥の攻撃を受ける可能性もある。マストや帆にある種のウズラが大量にとまると、どれだけ堅固な船でも沈んでしまう。この場合は、松明に火をつけなければならない。さらに、危険な魚は大型のものばかりではない。ある魚は、体長一五センチほどしかない。ギリシャ語ではエケネイス、ラテン語ではレモラという。近隣の住民たちには、「船を縛るもの」と呼ばれた。名前からもわかるように、その魚は船にしがみつき、その場から動けなくする。風が吹こうと、嵐がこようと、船はびくともしない。その場に根づいてしまったかのようだ。オラウス・マグヌスはこの情報をセビリャのイシドールス（五六〇頃〜六三六年）から得た。ミラノのアンブロジウス（三四〇頃〜三九七年）もその現象について述べており、それを「邪悪で卑しむべき海の動物」と呼んだ。(18)

オラウス・マグヌスはきわめて学識が深かった。その著作は北方の慣習と現象の全体像を提示しており、しかも記述の多くはくわしく正確だ。だが彼は、現代人とは異なった考え方をし、世界を異なった仕方で区分する。たとえば二一巻の第八章のタイトルは「ある種の魚のあいだの敵意と調和」となっている。ほかの多くの箇所でもそうなのだが、オラウス・マグヌスはここで明らかに、魚には意識があるばかりか、自由意志や道徳性、文化まで持っているとみなしている。ヒゲクジラなどは、調和という自然状態に暮らしている。社会的で、大きな群れをなすものもいる。ニシンには、人間と同じように群れを率いる特定の個体がいる。

オラウス・マグヌスによれば、魚の世界にもやはり孤独を好むものがいる。他者に対する敵意を抱いて一生を生きてきたため、まったく「仲間をつくることができない」ものさえいる。ニシオンデンザメは、間違いなくこのカテゴリーに入るだろう。

オラウス・マグヌスは古代の有名な権威のあらゆる著作に目を通しており、それらをためらわずに引用する。たとえばアンブロジウスの見解では、すべての動物は、陸に棲むものも海に棲むものも、人間が真似れば益となる少なくともひとつの特徴を持っている。著作のいくつかの場所で、たとえば「魚と人間の素晴らしい比較[19]」と題する章では、ある種の魚がとても親思いだと述べている。利益への飽くなき欲望は、魚にはほとんど見られない。物や金銭への関心がないからだ。クジラの体内に入ったヨナの話もまた、献身は海のなかでこそ発揮されることを示してはいないだろうか。人々が放りだしたヨナを迎えいれたのは魚だった。オラウス・マグヌスの読者は、ヨナの物語がキリストの死と復活の象徴であることを知っていた。彼が書いているように、イエスは地だけでなく、海をも救ったのだ。

この大部の著作でどの海域よりも劇的に描かれているのが、いまヒューゴとわたしが漂流し、ゴムボートに乗ってニシオンデンザメを捕るためにウキ釣りをしているこの場所だ。オラウス・マグヌスは書いている。「ノルウェーの海岸沿いやその周囲の海には、名もない不思議な魚が多い。それはクジラだと考えられている。その荒々しさは明らかで、遭遇した人間すべてを恐怖に陥れる。見た目は気味が悪く、ずんぐりした頭にはびっしりと尖った棘《とげ》が生え、横倒しになった木の根のような長い角がそのまわりを覆っている……暗闇だと、漁師は遠くからでも、燃える炎のようなその目の光を波間に見つけることができる[20]」。その生き物には分厚くて長いガチョウの羽軸のような毛が生えており、まるで揺れる髭《ひげ》のようだ。体の大きさに比して頭は小さい。またこの生き物は、屈強な海の男たちが乗った巨大な船をたやすく転覆させ、沈ませてしまう。

オラウス・マグヌスの驚くべき本のなかで、とりわけ興味を引いたのは、サメ、別名海の犬を扱った箇所で、場所はノルウェーではないのだが、そのサメは〝ホフィスク〟と呼ばれている（ニシオンデンザメは、ノルウェー語では〝ホヒェリン〟だ）。「ある魚の恐ろしさと、ほかの魚の優しさについて(21)」という章で、オラウス・マグヌスは地図に描いた光景について自ら語っている。図には、スタヴァンゲルの南西の海でサメに襲われているひとりの男がいる。だが優しい魚の一種、より正確にはガンギエイが男を救いにくる。オラウス・マグヌスは、サメは大きな群れで襲い、非常な残虐性を示すと説明している。重い体を利用して人間を深海へ引きずりこみ、その柔らかい部分を食べる。だが、一匹のガンギエイがその途中で割りこみ、この「暴行」をやめさせようとする。ガンギエイが怒りをこめて攻撃している隙に、人間は泳いで逃げる。あるいは、すでに死んでいる場合には、遺体が浮きあがって安全な場所へ「流されていく」。

邪悪な性質を持つサメは、船の下に潜み、人間を捕まえようと待ちかまえている。鼻やつま先、指、生殖器など、人の弱い部分を狙って攻撃する。これはいたって不正確ではあるものの、サメによる人間の攻撃に関する、もっとも早い時期の記述とみなせるだろうか。ヒューゴの推論に対する補足になるだろうか。

オラウス・マグヌスは、学識深きアルベルトゥス・マグヌス、またの名を大聖アルベルト（一一九五頃〜一二八〇年）の言葉を引用している。それによると、イルカは溺れかけた人間を、それがイルカの肉を食べた人間でなければ、かならず海岸まで運ぶ。紀元前五世紀には早くも、ギリシャの歴史家ヘロドトスの記述がある。詩人で音楽家のアリオンは、故郷へ帰る船から海へ投げだされた。ほかの乗組員が彼の得た賞金を盗もうとしたためだった。アリオンは最後にひとつの願いごとを許され、歌をうたうことを選んだ。歌で呼び寄せたイルカが、彼を海岸まで安全に運んだ。

おそらくオラウス・マグヌスは有名な大理石の像「イルカと少年」をイタリアで見ていただろう。作者は同時代人のロレンツェッティだ（現在、この彫刻はサンクトペテルブルクのエルミタージュ美術館にある）。裸の少年が腕をだらりと伸ばし、泳いでいるイルカの背で眠っている。イルカは少年よりわずかに大きい程度だが、決然たる表情をしている。自らが善であり、この弱い人間の子供を救わなくてはならないことを、鑑賞者同様に知っているからだ。

オラウス・マグヌスは、古いものも新しいものも、ノルウェー沖で多くの怪物が発見されるのは、その海のはかりしれない深さのためとしている。周囲は危険に満ちているが、ノルウェー北部の漁師は外洋へ出ていき、たびたび恐るべき野獣と遭遇する。

ヒューゴとわたしが釣り場に選んだ場所からさほど遠くない、ロフォーテン諸島のすぐ南側には、かなり目立つ生き物が描かれている。巨大な、鮮やかな赤色のウミヘビで、少なくとも体長六〇メートルはある。地図の上では、大型の帆船に巻きつき、口に人間をくわえている。(22)

その後数世紀のあいだ、オラウス・マグヌスが描いたこの怪物の記述は広く知れわたった。そのことはベルゲンのエーリク・ポントピダン司教が一七五二年に書いた『ノルウェー博物誌（*Norges naturhistorie*）』にも表れている。彼は多数の海の怪物《モンストリス・マリニス》について書き、論じた。その存在の証拠は圧倒的な数にのぼるが、なかでも目撃者の証言はとくに強調されている。その多くはノルウェー北部の漁師たちによるものだ。(23) ポントピダンはそれらの怪物が、エチオピアなどアフリカ各国に生息する大蛇と同じように、実際に存在すると結論を下さざるをえなかった。その大蛇は、記述によると、ゾウの足に巻きついて転ばせてから、それを飲みこむほど大きかったという。

オラウス・マグヌスはまた、ノルウェー沖に棲んでいると考えられた伝説の巨大タコ、クラーケンについても記している。アイスランドでは、〝ハーヴグーヴァ〟と呼ばれる。この生き物の存在を保証する信頼できる証人として、オラウス・マグヌスはニーダロス（現在のトロンハイム）の大司教エーリク・ヴァルケンドルフの名を挙げている。彼は「我らの主の（西暦）一五二〇年に」教皇レオ一〇世にその怪物について書状に記している。二〇〇年後のポントピダンの記述も同様に誇張されたものだ。体長が英国の一マイル〔訳注：古い英国のマイルは現在の国際マイル（約一六〇〇メートル）の一・二倍、およそ一九〇〇メートル〕にまで成長するクラーケンが存在すると述べている。船のマストほどもある角を持ち、特殊なにおいで魚を口内におびき寄せる。海に飛びこむと、まわりのものを強く巻きこむ。「クラーベン（カニ）」あるいは「地平線」と呼ばれることもあるクラーケンを、ポントピダンは、「間違いなく」世界最大の海の怪物

だとしている。(24)

中世、グリーンランド沖には男女の人魚が住んでいると考えられていた。(25) それから五〇〇年ののちには、ポントピダンを信じるなら、その生息地はもっとノルウェー寄りに移動したらしい。デンマークとノルウェーの沖でそのような生き物を目撃したという、いくつかの信頼できる証言が紹介されている。

まず、三人の連絡船の船員から人魚を見たという話を聞いた、デンマークのある市長、アンドレアス・ブサウスによる証言がある。人々は動揺し、公的な捜索が行われた。その男性の人魚は、外見は高齢のようだが肩幅が広く、とても丈夫そうだった。頭は小さく、目はくぼみ、巻き毛の髪は耳にかかる程度の長さだった。贅肉はなく、顔の輪郭は鋭く、明らかに手入れがされた短い口髭を蓄えていた。腰から下は、魚のようにすらっとしている。その二〇年前、ピーター・グナーセンという目撃者が見た女性の人魚は、髪を長く垂らしていた。だがもっと重要なことは、彼女がとても豊かな胸をしていたということのほうだっただろう。(26)

ロフォーテン諸島にもかつて人魚の目撃証言があり、内容はオラウス・マグヌスやポントピダンによるものとよく似ていた。人魚は人間の胴と魚の下半身を持っていた。〝人魚《マーメレル》〟は一般に、ドラウゲンよりもはるかに小さかった。もっとも小さい人魚は、身長が一センチほどしかなかった。(27)

ポントピダンの博物誌には、高い技術による、きわめて写実的な銅版画を用いたノルウェーの動物、鳥、昆虫、魚の図が用いられている。そのうち二枚には、巨大なウミヘビが船を沈ませる姿が描かれている。ポントピダンの著作は啓蒙主義の時代に合っていた。彼は厳格な現実主義者で、迷信や神話、おとぎ話を、動かしようのない事実から峻別《しゅんべつ》しようとしたからだ。一方で、海には奇妙な生き物が満ちていることは否定しようがなかった。そして、ポントピダンは無知だとみなされることを嫌った。情報を提供した船長や漁師たちは、自分で見たものを誤って伝えたこともあれば、誇張もあっただろう。あるいは、ほかの者が歪曲した証言をそのまま伝えた可能性もある。

たとえばポントピダンは、ノルウェー西部のホルダランで男の人魚が漁師に一週間捕らえられ、ヒョルレイフ王の御前で不吉なバラッドを歌ったとする古ノルド語のサガを信じていなかった。また、女の人魚が自らイスブランドと名乗り、デーン人〔訳注：現在のデンマークなどに居住したノルマン人の一派〕の土地サムセーでいつも酔っぱらっている農民と長い会話を交わしたという話も。だがポントピダンは、誇張や、かなりの潤色があるとしても、人魚の存在そのものは信じていた。それはオラウス・マグヌスも記述している海馬や海牛、海のオオカミ、海ブタ、海の犬といった動物の実在を信じていたのと同じことだった。

『カルタ・マリナ』はおそらく、オラウス・マグヌスや彼の情報提供者、古代の著者やノルウェー北部の漁師たちの目に映った事実を記述したのだろう。だが、有能とはとても言えない通訳を伴って話を聞きにきた学識ある司教を、漁師たちがからかったという可能性は排除できない。全員ではないにせよ、なかにはわざと話を大げさにした者もいただろう。

ドイツのセバスチャン・ミュンスター(一四八八〜一五五二年)やベルギーのアブラハム・オルテリウス(一五二七〜一五九八年)といった偉大な地図制作者たちも、同じように世界各地の海に怪物の図を書きいれた。グリーンランドへのキリスト教布教者として知られるハンス・エゲーデ(一六八六〜一七五八年)もまた、『カルタ・マリナ』の絵に劣らず魅力的な怪物の目撃証言を記録している。ちなみに、一七〇七年から一七一八年まで、エゲーデはスクローヴァを含むノルウェーのヴォーゲン基礎自治体の牧師だった。

一八九二年、オランダ人動物学者で昆虫の研究者であるアントニー・C・オーデマンはノルウェーの巨大なウミヘビに関する批判的な論文を発表した。そこには、その怪物について言及されている三〇〇以上の文献が挙げられていた。すべての始まりはオラウス・マグヌスだったが、一八〇〇年代の終わりになっても、ウミヘビの実在を多くの者が信じていた。そのきわめて包括的な本で、オーデマンは多くの証言が嘘《うそ》や欺瞞《ぎまん》であることを明らかにした。この著作によって、怪物の存在は科学的に否定された。だがオーデマンでさえ、完全に空想の動物を否定しているわけではなく、自らも未確認動物の研究に貢献している。彼は、多くの観察者がウミヘビを巨大な海のライオンのような生き物(メゴフィアス・メゴフィアス)と誤認したのだという。ところが、実際にはその動物もやはり実在しない(28)。

オラウス・マグヌス、エーリク・ポントピダン、そしてハンス・エゲーデらが生きた時代には、クジラなどの深海の生物についてはほとんど知られておらず、また現代の科学による地球上の生物の分類法も確立されていなかった。今日発見されている多くの生物は、オラウス・マグヌスが描いたものよりさらに信じられない形態をしている。

オラウス・マグヌスは「ポリプ」を「多くの足を持つ生き物」と記述している。吸盤のついた八本の足があり、そのうち四本はとくに長い（言うまでもなく、タコはほかの六本よりもはるかに長い二本の触手を持つ）。このポリプの背中には水を通過させる「管」がある。血液はなく、海底の穴のなかに棲み、周囲の状況に合わせて体の色を変える。(29)

イカやタコに関して現在わかっていることに照らすと、これは現実的な記述だ。たとえば、コウモリダコ（学名は *Vampyroteuthis infernalis* で別名「地獄のイカ」）が深海で攻撃されたときの行動を考えてみよう。暗闇のなかで相手にスミを吹きつけてもあまり効果はないため、コウモリダコには別の防御法がある。八本の足のうち一本を嚙みちぎると、その足はかすかな青い光を発して海中を漂っていく。攻撃者がそれに気をとられているうちにコウモリダコは逃げる。深海一五〇〇メートルで生きるコウモリダコの名前は、その目に由来する。それは体重との比較では動物界でもっとも大きい。普段は淡い青色だが、それは一瞬のうちに血のような赤に変わる。まるでC級ホラー映画の特殊効果だ。

オラウス・マグヌスは、〝ホフィスク〟、つまりサメは必要なら自分の体の一部さえ食べると書いている。ある種の頭足類は、食料が不足すると実際に自分の足を食べ、しばらくするとまた生えてくる。それどころか、多くのイカやタコは、自分の姿と同じ形の炭を吐くことができる。なかには炭が発光するものまでいる。人間にも、そのような能力を持つ者は存在する。それは漫画や映画に登場し、スーパーヒーローと呼ばれている。

二〇〇五年にインドネシアで発見されたある頭足類は、カレイやウミヘビ、あるいは目の前に現れるあらゆるものになりすますことができる。ほとんどのイカやタコは、瞬間的に体色や柄を変え、周囲の状況に溶けこむことができる。深海を泳ぐ生物は、上からも下からも姿が見えないのだ。

彼らの足や触手は、目に見えないほどの速さで繰り出すことができる。足一本ごとに重い吸盤があり、そこにある化学物質の受容体が味蕾《みらい》のような働きをしている。また目の細かい神経線維が張りめぐらされ、いたって感覚が鋭い。

頭足類のなかには最大時速四〇キロで泳ぐことができるものがいる。その血は青く、心臓は三つあり、足一本ずつに脳があり、神経細胞は人間に似ている。睡眠をとるかどうかはわかっていない。知性があることは疑いなく、すばやく記号を認識するようになる。(30) そして巨大な体へと成長する。

世界でもっとも重い頭足類であるダイオウホウズキイカ（*Mesonychoteuthis hamiltoni*）は、完全な形ではいまだにわずか二体しか調査されていない。南極海周辺の深海に生息するダイオウホウズキイカに関して、われわれの知識はオラウス・マグヌスの時代とほとんど変わらない。彼は海の怪物の大きさと攻撃性を誇張する癖があった。さすがに船ほどの大きさになる頭足類は存在しないが、その驚くべき性質はオラウス・マグヌスの記述をも超えている。また、イルカが溺れかけた人間を救出することは、たしかに報告された例がある。

20

四日後、天候は落ち着く。わたしは本を置き、オーショル・ステーションの仮の書斎を出る。嵐は去り、色褪せて薄暗い、透きとおるような灰色の世界が残る。景色も建物も輪郭をほとんど失い、海は重く物憂げで、この数日の破壊で疲れきったようだ。波止場のそばを泳ぐ魚さえ動きが鈍いのは、ほかにやることもないからだろう。

灰色のかすかな靄《もや》の向こうで、海流はヴェスト湾に流れこみ、流れでる。潮汐で南から北への波が高まり、スクローヴァ灯台に一日二度到達し、湾には海岸沿いの海流が流れこんで海面が上昇する。大西洋の強い海流は北極海へ向けて流れつづける。ようやく海へ出られる状況になったが、わたしはオスロへもどらなくてはならない。

冬の釣りについて早くも計画を始める。まずはスタイゲンの養豚場で死産や奇形の子豚を手に入れて、ニシオンデンザメを捕まえにいこう。別れ際にそんな話をする。そのときヒューゴの目に、かすかな迷いが見えたような気がする。

いや、ただの気のせいだろう。メルヴィルが書いた抗いがたい力に、われわれはまだ引かれている。内なる坑夫は疲れることなく働きつづけている。ここまで成果は出ていないが、鉄のような決意はさらに固まっている。プロペラのように、低い回転音を響かせて回りつづける。小さなボートに乗ったふたりの男は、海で何に出会うかも、深海から何が上がってくるかも知らない。海には星明かりが溶け、満月模様の電光が染める。大波はヒステリーの牛の群れさながらに暗礁へと襲いかかり、月に狂った灯台の目がじっとこちらを見つめている。

冬

Winter

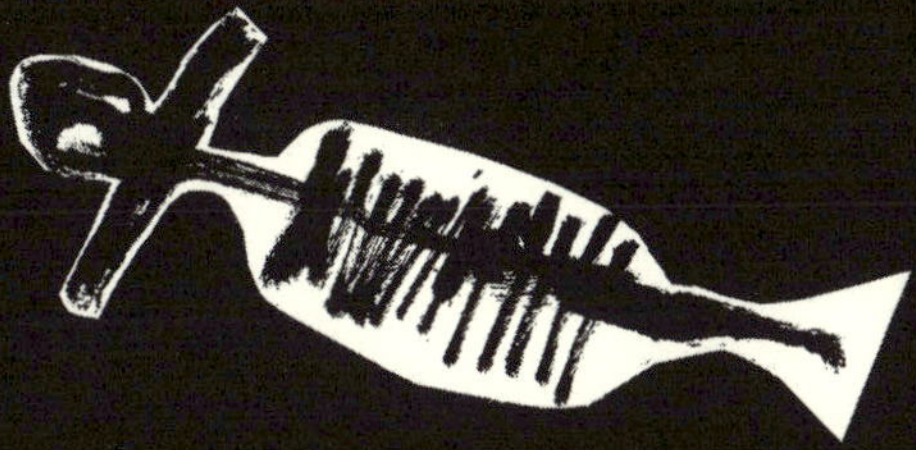

21

三月初旬、わたしはまた北へ向かう。海が与えてくれる冒険とサメ釣りにまたしても引き寄せられて。それは、陸にいては想像するほかないものだ。ベルリンからオスロ、そしてボードーへ行き、そこから北行きの双胴船でスクローヴァへ。ブレンスンやヘルネスンの村々では、凍てつく北極圏の空気のなか、煙突から白い煙がのぼっている。

普通ではない寒さだ。海岸沿いの冬はじめじめとして冷えるが、これほどの寒さはなかなかない。メキシコ湾からヨーロッパへ一日に流れこむ熱量は、世界全体で一〇年かけて消費する石炭量に等しい。ロフォーテン諸島はグリーンランドの首都ヌークよりはるかに北に位置するが、年間平均気温は五℃くらい高い。メキシコ湾流がなければ、ノルウェーの海岸沿いはほとんど一年中氷に閉ざされ、北極圏の短い夏のあいだに溶けるだけになるだろう。

双胴船の船内で、地元の新聞を買う。高潮で一〇〇頭以上の羊が流されたという記事が載っている。ブローヤ島の近くで、凍てつく寒さのなか羊たちは前浜に出ていた。毛は少しずつ氷で覆われていき、そこにあった岩も海に沈んでしまった。だがそんなことは羊に予測できることではない。

一〇四頭の羊たちは、どうすることもできず消えてしまった。三頭だけが生き残ったのだが、そのとき岩でどうしていたのだろう。

ヒューゴは昨晩、大変な目に遭っていた。苛性ソーダで床掃除をしたのだが、そのとき気温は氷点下一五℃という、スクローヴァではめったにない寒さだった。水道管の水は凍結しており、苛性ソーダを海水で洗い流さなくてはならなかった。爪はひび割れて剝がれ、しかも風邪を引いてしまった。

それでもヒューゴはいつもどおりに元気だった。オーショル・ステーションの修復作業について進行状況を尋ねると、ギャラリーやレストラン、パブ、宿泊施設などの計画に必要な資金繰りに問題が発生しているという。作業は停止しているが、そのことはあまり心配していないようだ。胃の調子を尋ねてみる。それにはただ目を回しただけで、前回の訪問以来、メッテと進めた仕事を見せるためにわたしをステーションに連れていく。

赤い家の内装はかなり進んでいる。ステーションの内部もずいぶん進んでいる。最初に目に入るのは、釣り道具の置き場になっていた干し魚の倉庫とメイン棟の一階から物がなくなっていることだ。古い引き網や桶、道具類、材料や装備は一掃されている。その場所に、ヒューゴはヴァードーからオーレスンまでの、陸揚げセンターをはじめとする各種企業のロゴが入った漁業用の木箱を積みあげている。一週間後にはここで大きなパーティが開かれる。

冬のあいだ、ヒューゴとメッテはスタイゲンでも長い時間を過ごすが、そこでヒューゴは油絵の大作をいくつか仕上げている。一点は幅七メートルの作品で、図書館が併設されているボードーの新しい文化拠点、ストルメンに展示されることになっている。ニシオンデンザメをテーマにした未完成品も二、三点ある。なかなか捕まらないこの大魚は、生活にも影響をおよぼしはじめている。ヒューゴを具象画家に変えてしまうほどに。

嵐については、ハリケーン・オレがスクローヴァを通過し、埠頭の小屋を海へ吹き飛ばしていった。高波がオーショル・ステーションを襲った。水位が上がり、ステーションの床板をはずして海水を引きいれなければならなかった。そうしないと、波で床板が流され、さらに被害が拡大し、建物全体が流されたかもしれない。もし改修がなされず、不安定な腐った柱のままだったら、おそらく耐えきれなかっただろう。

近況を教えてもらったあとで、わたしは尋ねる。「じゃあ、それだけかい？　時間があるときには何をしてたんだい？」

「それだけだって？」

真顔でいられず、にやりとしてしまう。

「きみはどうだったんだ？」と、ヒューゴが訊く。

「都会の喧噪《けんそう》にまみれていた、というところかな。汚い雪、カフェラテ、フィッシュ・スティック、まずいケバブ、駐禁切符、それにストレス」

ヒューゴは笑う。都会にずっと住むことにならないかぎり、彼はべつにそこが嫌いではない。理屈から言えば、ヒューゴがオスロの繁華街アーケル・ブリッゲに船を停泊してもおかしくないのだが、どんなにがんばっても、その姿を思い描くことはできない。

　目下の関心事項に話題を移す。それほど遠くないアンデネスの南西のフィヨルドで捕獲された記録的な大きさのニシオンデンザメのニュースのことは、ふたりとも知っていた。あるデンマーク人が八八〇キロのサメを竿で釣ったのだ。あるスウェーデン人は五六〇キロのサメを捕まえていた。しかもカヤックでだ。その人物は取材に対し、ニシオンデンザメを捕るのは子供のころからの夢だったと語っていた。

「何か特別なことでもあるのかい」とヒューゴが訊く。

「そのデンマーク人は、ようやくサメを海面に釣りあげると、泣きだしたらしい。まるで宗教的啓示を受けたみたいに。水中カメラを持ったダイバーと、補助用ボート、それから捕獲を記録するためにヘリコプターを連れてきていた。なかなか熱心じゃないか」

　ヒューゴはそっけない。ふたりとも、たまたまサメに夢中になった金持ちのデンマーク人には興味もないので、さっさとつぎの話に移る。スタヴァンゲル〔訳注：ノルウェー南部にある都市〕沖のフィヨルドで、体重一一〇〇キロの別のニシオンデンザメが捕まっていた。これまでの経験と、その画像から、その記事は疑わしいということで意見は一致する。なぜそんな誇張をするのか、理解に苦しむ。見る者が見れば、嘘は簡単に見破られてしまうのに。

インターネット上に投稿された動画には、力なく、ほとんど意識もなさそうな一頭のニシオンデンザメが映っている。思うに、そのサメはあまりに急速に引きあげられたため、血中の窒素が気泡となり、潜函病《せんかんびょう》のような症状になったのだろう。だがヒューゴは、絶対にちがうと言う。それに、この「スタヴァンゲルのサメ」を捕まえた二人組のやり方はまるでなっていない。ひとりなど、海に飛びこんでサメの横を泳いだりしている。

「もしニシオンデンザメが襲いかかったら、この男の人生最大の、そして最後のサプライズになっただろうな」と、ヒューゴは言う。

ヒューゴはかつて、数頭のニシオンデンザメが海底にあるクジラの死骸の大きな塊を猛烈な勢いで食べる映像を見たことがある。サメたちは休まず食べつづけ、ワニのようにクジラの巨体を転がし、脂肪を引きちぎったという。わたしはキューバ沖の深海にいるダルマザメの例を挙げた。そのサメは急に浅いところに浮き上がり、イルカやクジラ、またはサメの脂肪に食いつくと体を回転させる。数十年のあいだ、海洋生物学者にも丸く同じ形をした傷をいくつも負った動物がいる理由がわからなかったのだが、ようやくこの捕食者が映像に収められ、謎が解けた。

ヒューゴはインターネットで、人間に危害を加えたニシオンデンザメについての新たな情報を得ていた。一八五六年に、カナダ北東部の海岸ポンド・インレットで見つかったサメの胃のなかから人間の脚が出てきたのだ。もちろん、その脚は溺死した漁師や、転覆した船の乗客や乗員、あるいは自殺者や殺人の被害者のものかもしれない。可能性はいろいろあるが、確かめようがない。また、イヌイットの伝説では、ニシオンデンザメはカヤックを襲ったことがあるという。二〇〇三年、グリーンランド東部のクームミートで、ニシオンデンザメと人間が伝説的な出会いを果たした。アイスランドのトロール船、〈赤毛のエイリーク号〉の船員たちは、オイルスキンの防水服に身を包み、浅瀬に立っていた。そこは魚の内臓や血であふれていた。そのとき、甲板にいた船長が、船員たちに向かってニシオンデンザメが泳いでいくのを発見した。船長のシグルデュル・ペトゥルソンは、怖い物知らずでつねに冷静なことから、〝アイスマン〟と呼ばれていた。ペトゥルソンは海に飛びこんでサメを捕まえ、それを前浜まで引きずっていき、はらわたを抜くためのナイフで殺した。アイスマンは、サメが船員を攻撃するかもしれないと思ったと語っている。これは、人間がニシオンデンザメを襲った例だ(1)。

はっきりとわかっているのは、ニシオンデンザメは食べ物を選り好みしないということだ。そして機会さえあれば、もちろん人間を食べることもある。

日が傾くにつれ、外の空気は澄んで冷たくなり、何もかもが膨らんで見える。氷は薄く、わたしの祖父の言い方では「小麦粉」の膜、つまり霜で覆われている。空は群青色で、西の地平線は、山際が黄色から赤、紫へと変わっていく。いちばん高い山頂のあたりに、遠くで燃える火のような太陽が見えている。

ほかの光は青い。雪さえも青く見える。

この濃密で、だが弱い冬の光は、ヒューゴの油絵のなかにたやすく見つけられる。彼は「暗い」極夜の季節の繊細な光を描く抽象画家だ。身のまわりの環境から着想を得た彼の絵は、ある人には何を描いたのかほとんどわからないだろうし、またある人には慣れ親しんだものと感じられるだろう。

夕食は揚げたタラのフィレ、おろした生のニンジンに、特製のカレー風味のサワークリームソースをかけたものだ。ロフォーテン諸島はタラの産卵シーズンを迎えている。フィッシュケーキ〔訳注：魚のすり身をフライパンで焼いたもの〕ほどの大きさのフィレもある。三〇キロ以上あるタラからとった身だろう。スヴォルヴェルのヒューゴの祖母は、ホワイトソースでタラを茹《ゆ》でていた。ヒューゴはこの料理がどうしても好きになれず、その味がいまだにトラウマになっている。揚げたタラのフィレなら、一週間に何度食べても平気なのに。

食事をしながら、いま真っ盛りのロフォーテンの釣りシーズンの話になる。スクローヴァ周辺の海には魚の大群がいる。バレンツ海〔訳注：北極海の南の縁海〕から南下したタラが産卵するセンジャ島やヴェステローデン諸島の沖では、タラは記録的な豊漁だという。ロフォーテン・ポイントを大量の群れが回ってきていて、スクローヴァ沖は目下、誇張でもなんでもなく、おそらく世界でも最高の釣り場になっている。

タラが大挙して押しよせ、つぎつぎに産卵している。そして漁船は、対岸のエリンセンの陸揚げセンターに並び、陸揚げの順番を待っている。船はタラの重みで、船縁を海水すれすれにしてスクローヴァにもどってくる。数万頭のタラが捌《さば》かれ、棚に吊るして干される。エリンセン・ステーションから流れてきた大量のタラの肝がオーショル・ステーションの前を過ぎていった。網目の細かいたも網で、ヒューゴはその肝をすくい上げた。肝油を絵の具の材料にするためだ。

かつて、ロフォーテンの釣りシーズンには、湾は釣り船や餌や塩を乗せた船、輸送用の船でごった返していた。人口は普段の倍になり、数か月のあいだ、スクローヴァは小さな町のように賑わった。しかし一九七〇年代初頭になると、漁業ステーションはつぎつぎに閉鎖されていった。それにはいくつもの複雑な理由があった。たしかに利益は減ったが、景気が悪くても、以前ならば操業はつづけられた。漁業はいつの時代も、自然環境の変化に耐えてきた。一九七〇年代には極端なタラの不漁の年が幾度かあり、「アザラシの侵入」と呼ばれる現象も起きていた。実際にアザラシがかなりの量の魚を食べたにせよ、それだけが不漁の原因ではないだろう。むしろ人間が自ら招いたことだった。

ニシンやオヒョウ、そしてメバルも、それまでずっと乱獲されていた。工場トロール船の操業によってバレンツ海のタラは激減し、漁獲割当量は全体として大幅に減少した。一九八〇年には漁獲量が落ちこみ、漁業関係者は大きな打撃を被った。政府はさらに割当量を減らすことで、ニューファンドランド島〔訳注：カナダの最東端に位置する〕のように資源が枯渇してしまうことを防ぐ以外に打つ手はなかった。数年のうちに、ノルウェー北部の海岸沿いの共同体は暗いムードに包まれた。

海に突きでたオーショル・ステーションの立地はいつも有利に働いてきたが、このときはそれがあだになった。そのころ、漁業の未来は海ではなく、陸にあった。漁業ステーションが生き残るために大切なのは、道路との結びつきだった。スクローヴァにはそれは望めない。アウストヴォーグ島のいちばん近い道路からでも、一〇キロほど離れている。

ノルウェー政府は、長期的に漁師を農民や工場労働者へ転換しようとしてきた。はるか南のオスロの権力者たちからすれば、海岸に暮らす漁師は収入が不安定なうえ、おそらく性格まで気まぐれで、好ましくない人物と見えるのだろう。一九三七年にはすでに、アイヴィン・ベルグラーヴ司教が、ノルウェー北部の漁師に「より安定した」生活をさせようとする活動を支持していた。それには何世代もの時間がかかるだろう、と彼は書いた。[2] 今日では、スクローヴァに定住している漁師はほぼいなくなってしまった。

時代に見捨てられたかのようだった。スクローヴァのような場所は、海岸沿いの船がおもな流通手段だったときには、中心的な役割を担っていた。はるか昔から、ノルウェーのハイウェイは水路だった。だが道路網が整備されたことによって状況は変わり、海のハイウェイ上にあった古い島の共同体は衰退した。新たな中心地が、それまでは数軒の家しかなかったような、フィヨルドの奥の人里離れた場所に建設された。

オスロの戦略家や政策立案者は、近代化を目指して北部を改革した。漁業に関しては、それは工業化を意味していた。一〇〇〇年以上ものあいだ季節の移り変わりや環境の変動による不安定な資源に頼ってきた海岸沿いの漁業は、国家のお荷物扱いされるようになっていた。時代遅れで、しかもシフト制によって二四時間稼働できる鉄鋼業や工場のようなスケールメリットもないためだ。小型の漁船などの伝統的な産業を擁護する人は「夢想家」とみなされた。だが、モダニストたちのトロール船や工業化に関する考えも、現実離れしていたことには変わりない。新しいフィレ工場がトロムソやハンメルフェスト、ボーツフィヨルドといった都市や町〔訳注：いずれもノルウェー北部に位置する〕に建てられたが、そうした費用のかさむ大型施設は、トロール船の漁獲に依存しており、魚が消えれば無用の長物になった。

スクローヴァにくる数週間前、わたしはフィンマルク県西部のルップ海峡にいた。漁師たちはオクスフィヨルドの氷河から氷を取っていた。そこから分離した氷河によってできたのがヨーケルフィヨルドだ。基礎共同体の紋章は、金色の背景部分に鳥のウがあしらわれている。モットーは「海は可能性」だ。

かつては、ルッパの岬ひとつおきに魚の陸揚げセンターがあった。魚礁は以前と変わらず豊かだが、現在では基礎自治体内に陸揚げセンターは一か所もない。ルッパの人々は、漁業による生活を数千年間続けてきた。だがいまでは、海の資源を手に入れる権利を失ってしまった。漁業割当が投機の対象に変わってしまったためだ。地元の人々は、自分たちの地域でよそ者が得ている利益の分け前にあずかることすらできない。

ヒューゴはバルセロナへ行ったとき、魚市場でさまざまなタラを見た。なかには奇妙な形に刻まれたフィレもあった。だが、すべてアイスランド産だった。

自分たちで食べるタラを捕ることにする。今回はRIBを使わない。冬場であるうえ、ゴムボートだから魚釣りには適していないのだ。たくさんの針を扱うため、ちょっと釣り針を置き間違えただけで穴が開いて空気が抜けてしまう。そこで、秋から陸に置かれていた一四フィート（約四・三メートル）の無甲板のプラスティック製小型ボートを出してくるが、それにも問題が起きていた。船体が水漏れし、本来なら空気が詰まっているはずの船底の空間に雨水が溜まって、自然の法則どおり凍結していた。

「どうやら絶好調ではないらしいな」とヒューゴは言う。そもそもロフォーテンの海に出るには小さすぎるボートだ。しかも氷のせいで浮力も失われていて、あまり乗る気になれない。外は氷点下で、海のなかも、ゼロ℃よりほんの数℃高いだけだろうから、氷が溶けるまで数日はかかる。だが、海にはたくさんのタラがいるのだし、天候がよく、海が穏やかであればという条件で、このボートを使うことを認める。

「使える状態にならなかったらやめておこう」

わたしはうなずき、何も言わずに窓の外を見やる。

ボートを海に浮かべて帰る。

22

翌朝、電話の音に起こされる。二か月前に、ノルウェー北部の大都市トロムソの古書店で会った老紳士からだった。書店の経営者で、わたしがニシオンデンザメに興味があり、友人と一緒に捕まえようとしているという話をした相手だった。電話番号は交換しなかったのだが、彼はわたしの番号を入手し、忠告をするために電話をしてきたというわけだ。彼の兄は、一九五〇年代に北極海でニシオンデンザメを釣っていたという。いちばん重要なアドバイスは、「大量の腐ったニシンを、オレンジを入れるような網目の細かい袋に入れ、釣り針でニシンをぐちゃぐちゃにする」というものだった。捕まえることができたら、かならず電話をするようにと言い、幸運を祈ってくれた。

ヒューゴはこの計画を他人が知っていることにいい顔をしない。捕まえられなかったときに笑われるというのだが、たぶんそれは正しいだろう。遠方の、とくに親しくもない人から電話がかかってきて進行状況を尋ねられるようでは、行動は筒抜けと言わざるをえない。

スクローヴァには粉雪が舞っている。淡い日光のなかで氷の結晶が輝き、視神経を揺さぶる。これほど島全体に均等に雪が降ることはめったにない。たいていは風に飛ばされたり、低気圧による雨で溶けてしまう。

絵はがきのような完全な景色だ。子供のような単純さがある。子供は絵を描くとき、明るい色を使って、単純なぎざぎざの線で山を表現する。草地の緑や海の青をざっと塗って、最後に家を二、三軒つけたす。いまのロフォーテン諸島は、まさにこんな絵のとおりだ。いまノルウェーのどこかで、何も考えずにこれとそっくりな絵を描いている子供がいるかもしれない。

一四フィートのボートで、島の反対側から海へ出る。海水はリショルメン島とスクローヴァのあいだの細い水路を通って両側から流れこんでくる。水が入ったボトル一本とチョコレート味のエナジーバー二本、釣り糸を一本ずつ、それからロフォートポスト紙の最新号を持ってきた。昨日レーヌ村の近くで、〝カフェトルスク（コーヒー・タラ）〟つまり、産卵シーズン中の、体重三〇キロを超えるタラが捕れたという記事が載っている。一九七〇年代からずっと、ロフォートポスト紙はこのサイズのタラを持ってきた人にコーヒー一キロを賞品として渡している。また今日の新聞には、スクローヴァの子供たちがタラの仮装をして街を歩く、年に一度のタラ・パレードのことも書かれている。

今日の海は穏やかではない。外海へ出るまでもなくわかる。だが、完全な荒れ模様でもない。一四フィートのボートは、目に見えて低く沈んでいる。運よく、海はそれほど騒がしくなく、波はあるが危険なほどではない。もちろん、港にもどるだけの時間もないほどあっという間に状況が変わらないとはかぎらない。

船は大型の冷蔵庫として使えそうだ。船内にはカクテル二〇〇〇杯分、ウィスキーをロックで飲むなら四〇〇〇杯分くらいの氷がある。二、三杯飲むのもいいかもしれない。この凍りついた船でロフォーテンの海に出る不安が紛れるかもしれない。

カモメは鳴かず、雪は白く輝いている。太陽すら冷たく見える。昨日都会からやってきたばかりだから、まばゆい眺望と広い地平線を見ると爽やかな気分になる。だが、今日の海はどこかわたしを不安にさせる。この銀白色の危険な液体の下には、何が隠れているのだろう。義眼を覗きこんだときのように、本心を窺《うかが》い知ることができない。


ヒューゴはヴェスト湾のかなり遠くに小型の漁船の集団を見つけ、そちらに向かって進む。それらは音響測深機を備えている。近くにはタラの群れがいるだろう。悪くない案だ。少なくとも、何かあったら海から助けあげてもらえるはずだ。

三〇馬力の船外機を回し、一五分ほど進むと、漁場に着く。ところで、まだ説明していなかったかもしれないが、この船外機はボートの規格をサイズも重量もオーバーしていて、重心がずれている。

漁船からほどよい距離を保ちつつ、網や釣り糸で大型のタラを捕っているのが見える程度には近くにいる。あとは釣り糸を垂らすだけだ。その糸には針を隠すために明るい色のゴムがついているが、効果のほどはわからない。だが、それは役に立っているようで、タラがいる四〇メートルほどの深さまで針を垂らすと、すぐに食いつき、つぎつぎに釣れる。

その深さにタラがいる理由は水温にある。深海の温かい水と海面近くの冷たい水が混じるところを好むためだ。これを最初に発見したのはノルウェーの科学者ゲオルグ・オシアン・サーシュだった。

一八六四年に、サーシュはタラの生態を研究するためにロフォーテン諸島を訪れた。スクローヴァを拠点に、おそらく地元の人々の助けを借りてヴェスト湾を船でまわった。スクローヴァの、民家の庭と間違われそうな小さな公園に、一九六六年にノルウェー海洋研究所と漁業省によってサーシュの記念碑が建てられた。そこには、彼がスクローヴァを拠点にして「タラのきわめて重要な生態的特徴を解明した」と刻まれている。

産卵シーズン中のある時期に、タラは餌を食べなくなる。漁師はそれをタラが「ふさぎこむ」といい、そんなときは、釣り針ではなく網で捕まえる。だが、今日のタラはふさぎこんではいない。一五キロほどの大物や、三〇キロ近いものまで釣れている。針を飲みこんでいるタラもいるが、目や身体の側面など、口の外に引っかかっているものも多い。釣り糸はなるべく横に引かなくてはならず、海面まで引きあげるにはかなりの労力がいる。

海面と船縁の高さの差はあまりなく、しかも、それが縮みつつあることを意識せざるをえない。

漁船の乗組員も、波間にわれわれの船を見つけて驚いている。幾人かが手を振るので、手を振りかえす。こちらが助けを必要としていると思ったのかもしれない。だが、そんなことはない。少なくとも、自分たちの基準では。タラの群れを釣ることに集中している。

こうした状況で、荷物をまとめて陸へもどろうとするのはかなり特殊な人だ。たとえボートは小さく、浮力を失いつつあり、しかも数百キロの余分な重量を抱えていたとしても、そんなことはできない。

タラのオスとメスは数日のあいだ接近して泳ぎ、オスが横向きに移動する。メスの放卵と同時に、オスは放精する。それからひれでかき混ぜ、卵を受精させる。

われわれが釣ったタラには卵と精子が詰まっており、まだ産卵をしていない。それが始まると、数兆個ものタラの卵がロフォーテン諸島の沿海に漂う。一匹のメスのタラは、最大で一〇〇〇万個の卵を産む。当然、そのすべてが受精するわけではないし、生まれないものも多い。はじめは卵のなかの卵黄を食べて成長する。卵は、漂っているうちに破壊されることもあれば、食べられてしまうこともある。数週間後に卵から孵ったタラの仔魚《しぎょ》も、そのほとんどが同じ運命をたどる。彼らは、最初は植物プランクトンを、それから動物プランクトンやオキアミを捕まえようとする。この小さな透明な魚は、生後四週間で海面を離れる。それから海底で生き延び、メキシコ湾流に乗ってバレンツ海へと北上していく。

いちばん危険なのは最初の一年だ。その後、タラは新たな危機に直面する。[3] 七年間生き残ったタラはロフォーテンにもどり、産卵する。一匹のメスが産卵した数百万の卵のうち、個体数を維持するためには二匹が生き残らなければならない。今年はとくに豊漁で、海のなかでは無数のタラが泳いでいるようだが、その理由は誰にもわからない。

世界でタラがもっとも多く産卵をする場所がロフォーテン諸島とヴェステローデン諸島の近海だ。そこはまた、冬に産卵するオヒョウと、春に産卵するニシンの重要な産卵場所でもある。さらにメバルやポロック、コダラ、オオカミウオ、アンコウも数多い。ロフォーテン諸島には昔から、ほかのノルウェーの沿海地方と同様に数百万の海鳥が生息している。ところがその多くは、個体数が危ぶまれるほど減ってしまっている。鳥が餌とする魚、たとえばイカナゴやシシャモ、アオギス、ノルウェーコダラは、乱獲の危機にさらされている。人間の食料ではなく、養殖のサケの餌としてだ。

意外かもしれないが、タラと大手石油会社は同じものを好物にしている。プランクトンだ。タラが食べるのは海で生きているもので、石油会社のほうは、二〇〇万年前に生き、いまは黒くどろりとした燃料に変化したものを好む。新生ノルウェーは、この新しい油に依存している。かつて、タラやその肝油、ニシン油に依存していたのと同じことだ。昔の漁師は、沈没した船の乗組員を助けるために油を海に撒いて波を止めようとした。現在では、トロール船は魚を海に捨てている。ただたしかなことは、世界でもっとも豊富な産卵場所の堆は、石油による危機にさらされているということだ。もし石油が発掘されれば、ロフォーテン・ウォールで長期的な石油ブームが起こる危険がある。海岸沿いに石油が埋蔵されていて、海鳥やプランクトンをすべて殺してしまうかもしれない。わずかでも石油が出れば、魚卵は駄目になってしまう。

もしタンザニアがセレンゲティ国立公園〔訳注：一九八一年に世界遺産に登録された自然保護区〕で石油の発掘を始めたら、全世界はそれに抗議するだろうし、ノルウェーはその中心的な役割を担うはずだ。そのような蛮行をやめさせるために、数十億クローネを寄付するだろう。ノルウェーはすでに、ブラジル、エクアドル、インドネシア、コンゴなど熱帯地方の熱帯雨林を保護するために大金を拠出している。ノルウェーには、同じように特別なエリア、海中のセレンゲティがある。ほかに類を見ない豊穣さと世界的にも知られた美しいこの場所で、ノルウェーは、世界有数の経済力を持つにもかかわらず、石油の発掘をしようとしているのだ。

メルヴィルが書いた坑夫は、いまもわれわれを突き動かしている。

海の上を漂ってタラを釣りながら、一九六〇年代にソ連の海洋生物学者が立てた仮説について話す。それによれば、マッコウクジラの発する巨大なクリック音は「超音波投射器」あるいは「音響レーザー」に類する武器なのだ。正確に狙いを定めた音波を使い、イカなどの獲物を麻痺させることができる。アメリカの科学者たちはこの説に追随し、軍事的な応用をめざして研究をした。

ニシオンデンザメと同じように、マッコウクジラも自分よりはるかに速い動物（イカは最高で時速五〇キロで泳ぐ）を、深海の暗闇のなかで捕まえる。だが最近まで、誰も実際にマッコウクジラが獲物を捕らえるところを見たことはなかった。二〇世紀末に、デンマークの研究者がヴェステローデン諸島のアンドヤ島で研究を行った。高性能の水中集音マイクを使った調査で、マッコウクジラはクリック音を集中させ、しかもかなりの程度、特定のターゲットに向けられることがわかった。(4)

世界中の海がプロペラやさまざまな機材だらけになってしまうまえ、クジラは一〇〇〇キロ先の相手が発する音を聞きとることができた。

ここ数年、石油が埋蔵されている可能性があるため、アンデネス、ヴェステローデン、ロフォーテン、そしてさらに北の多くの地点で地震探査が行われている。この「弾性波探査」は、海底に弾性波を送ることによって行われる。アンドヤ島に住むある現役の漁師は、これがヴェスト湾に大量のサバがいる原因だと考えている。弾性波のせいでミンククジラ、ゴンドウクジラ、シャチなど、サバを食べる動物が近寄ってこないからだ。

沿岸の漁師、環境活動家、クジラの研究者は、弾性波がクジラや魚卵を殺してしまうのではないかと考えている。クジラは、弾性波が送られている場所では耳の調子がおかしくなり、普通の行動ができなくなってしまう、と彼らは指摘する。クジラには、海底の地層を深くまで貫くその音波は音による絨毯《じゅうたん》爆撃のように感じられるだろう。(5)

もうそんなことで驚くような若造じゃない、とでも言うようにヒューゴは首を振る。彼は、地震調査の最中にトロンデラーグ〔訳注：ノルウェー中部の地域〕地方のヴィクナ基礎自治体の海岸に二六頭の死んだゴンドウクジラが打ち上げられたというニュースを見たことがあった。

最近読んだ、別のもののことが頭に浮かぶ。一九五〇年代、アメリカの科学者ハリー・ウェクスラー博士は、北極から氷がなくなれば、地球の――あるいは少なくともアメリカの――利益に適うだろうと考えた。国際的な輸送は容易になり、北極圏の資源も手に入れやすくなる。ウェクスラーは極冠の下で水爆を爆破させることを提案した。それにはおそらく一〇メガトンの水爆が一〇個あればいいだろう。すると、北極圏全体が厚い水蒸気で覆われる。氷はもう太陽の光を反射することはない。そして熱が閉じこめられ（温室効果についてはすでに知られていた）、残りの氷も溶けるはずだ。

ヒューゴは、馬鹿げた冗談を聞いているような顔でわたしを見る。

23

調子が上がってきて、さらにもう一匹大きなタラを釣りあげる。それから、魚の頭を手かぎで叩き、ボートに乗せる。そしてすばやく、昔の人々が〝クヴァルケン〟と呼んでいた部分、つまり胃袋にナイフを刺す。

ロフォーテンの海からボートに釣りあげられたタラはどれも、数年のあいだに数千キロを泳いできて、産卵というゴールの一歩手前で捕まえられてしまったものだ。針についた餌を食った魚は、状況は理解していないだろうが、神経組織は持っている。突然捕まり、見えない力で明るい方向へ引かれていくと知ったときはがっかりしただろう。群れの仲間から離れ（いなくなったことは気づかれただろうか）、数十メートルの深さから海面へと引っ張られる。もちろん魚は全力でそれに抗い、ときには振りほどいて逃れることもあるだろう（助かったと感じるだろうか）。だが大半は頭を手かぎで叩かれ、同じ運命の魚たちのように船縁から船のなかに投げこまれる。自分がこれから死ぬことに気づいているのだろうか。それとも、そのような意識を持つのはもっと発達した動物だけなのだろうか。

一匹、またもう一匹と釣れていく。何度やっても嬉しさは変わらないが、問題もある。海にはタラの大群が泳いでいて、ボートがしだいに数多くのタラで埋まっていく。

昔は、栄養豊富なタラの白子と卵のうち、食用にならなくなったものは牛の餌にされていたんだ、とヒューゴが言う。それに、日本人やロフォーテン諸島の住民のなかには、〝クロール〟といって、白子をカクテルや食前酒のように生で飲む人がいる。ヒューゴは自分の話に吐き気を催していたが、もちろん、吐くことはできない。

海は刻々と新たな姿を見せる。あらゆるものが輝いている。いつものように、海ではすべてが動いている。釣りを始めたとき、波のリズムはまどろんだ巨大な生き物の寝息のように規則的で、静かだった。いまは途切れがちにうなりを上げ、波立ち、荒れてきている。艫《とも》を外洋に向けたボートの船縁まで波頭が達し、船内にも降りかかる。何かが変わりつつある。黒い点々が海の上に漂いはじめた。これは奇妙な光景だ。あちこちで雲間からまっすぐ下に射していた日光が、天候の変化に伴ってひとつひとつ消えていく。漫画や、オペラの舞台セットのようだ。

ヒューゴが気づいているかはわからない。だが、連れだって海へ出るようになって何年にもなるが、わたしははじめて危険を感じている。いつものRIBであれば、完全に沈んでしまうことはありえない。空気がすべて抜けても、船体は浮いていられる。だがこの一四フィートのボートではそうはいかない。

ヒューゴは海に慣れ親しんでいるし、とくにこの海に関しては、自分の手の甲と同じくらいよく知っている。これまでには、かなり危険な状況もくぐり抜けてきた。それでも、最後にはいつも事なきを得ていたことで、かえって慎重さを欠くということもあるのではないか。「いつも最後はどうにかなっていた」というのは、たった一度の例外で崩れてしまうのだ。ふいに、結局はどうにかなった話とは、生き延びてそれを語る人がいたということなのだという考えが浮かぶ。もしこの一回が、どうにもならなかったら？　そして誰かが重い口を開いて語らなくてはならない話にならないとどうして言える？

海で遭ったいちばん大きな危険についてヒューゴに尋ねたことがある。その答えは、それまでに聞いたことのない話だった。一二歳のこと、友人とふたりでスタイゲンの小島に探検に出かけた。停め方が悪かったせいで、ボートは小島の反対側へ行っているあいだに潮に流されてしまった。泳いで追いかけたが、速い海流にもう遠くまで流されていた。小さな無人のボートは、泳いではいけないほど離れている。追いかけて泳ぐのだが速さが足りず、気づけば、もどれないほど岸も遠ざかっていた。力は尽きかけ、疲れきってボートを追うのをやめた。死を覚悟したとき、何かがそっと足に触れた。それを握りしめると、ロープだった。しかもただのロープではなく、ボートにつながれた長いロープだった。ヒューゴは最後の力を振りしぼってボートに到達し、這《は》いあがった。

北欧神話には、ラーンという深海の女神がいる。その名は、「奪う者」を意味している。自らの網で、彼女は溺れた海の男を捕まえる――というより、奪い去る。ラーンの夫はエーギルだ。彼は風と火の兄弟で、海藻の冠を頂き、海を支配している。彼らの九人の娘は海の九つの波であり、そこから名づけられている。古ノルド語の詩人によれば、沈没した船はエーギルの顎のなかに消え、それとともにラーンがその乗組員を深海へ引きずりこむ。エーギルの支配は、穏やかな海にも嵐の海にもおよぶ。彼はバルドル〔訳注：北欧神話の光の神〕の血から生命の蜜酒を醸造し、手に持つ杯はひとりでに満ちあふれる。ヴァイキングにとって、エーギルは繁栄の象徴だったが、それは無尽蔵の蜜酒を所有し、ラーンとともに黄金の宮殿に住んでいたというだけのことではない。その豪華さは、ほかのものが具現したにすぎない。それは、海のはかりしれない豊穣さだ。

古《いにしえ》の人々は、われわれのボートを漂流する棺桶とでも呼んだだろう。一応、救命胴衣は着ている。それはいいことだが、絶対に安全というわけではない。わたしが胴衣について何気なく尋ねると、ヒューゴはそう答える。着ていれば命が助かるとは思わないことだ、と断言し、製菓用チョコレートを口に放りこむ。海に出るときには、ヒューゴはいつも製菓用チョコレートとヘーゼルナッツを持ってくる。それは欠かせないアイテムで、非常食にもなる。以前胃の手術がうまくいかなかったせいで、彼はときどきエネルギーが切れてしまうことがある。力が抜け、文字どおり立っていられなくなるのだ。これまでにそんなことになったのはまだ数回だが、いつも最悪のタイミングだった。いちばん最近では、エンゲル島の家の裏手でウサギ狩りをしていたときだ。草の上をどうにか這いつくばって家まで帰り、ポーチを登った。ライフルはうしろに引きずっていた。大量の汗をかき、声すら出せなかったが、メッテは何か食べさせなければならないと気づいた。キッチンにはニシンの乗った大皿があり、ヒューゴは燻製ニシンを載せたパンを、一〇分間で八枚食べた。普段は一食にサンドイッチ一切れで足りるというのに。

救命胴衣はいつも役目を果たすわけではない。数年前、スヴォルヴェルの港に男性の遺体が流れ着いたことがある。少しまえに行方不明になっていた、メルブという集落に住む漁師だった。救命胴衣によって、生き延びられる時間は長くなるが、それは季節と、その下に着ているものによる。船が沈みそうになったとき、その男性はどんなことを考えて救命胴衣を着たのだろう。どうにかなると高をくくっていたのではないか。だとしたら、あてがはずれた。指がかじかんで、チャックを最後まで閉められなかったのかもしれない。すぐに海水が入りこんで助からなかった。

生死を分けるのは、ごく小さなことだ。同じころ、漁に出ていた六六歳の漁師の船がエンジントラブルに見舞われた。錨を下ろしても船は止まらず、岩に向かって進んでいった。漁師は普通の衣服と救命胴衣を着ていただけだった。だが海に入るまえに、携帯電話でSOSをし、海難救助隊のオペレーターにおよその位置を伝えることができた。船は岩に近づき、まもなく衝突して粉々になる。風は強い。マイナス一〇℃の真っ暗闇のなか、彼は海に飛びこまなくてはならなかった。何度か波の下をくぐったあと、小さな滑りやすい岩によじ登り、そこにしがみついた。二〇分後、ボードーの三三〇連隊から救助ヘリコプター「シーキング」が到着した。スポットライトで漁師がいる場所を確認し、救助者とかごを下ろした。そのとき、漁師はすべての指が麻痺し、全身の感覚がなくなっていた。

わたしが今回スクローヴァに着くわずか一週間前には、ひとりの老人が島の西部の入り江で溺れ死んでいるのが発見された。その近くには、誰も乗っていないレジャー用ボートが浮かんでいた。釣りに出ていて、どういうわけかボートから転落したのだ。

漁業は、間違いなくノルウェーでもっとも危険な職業だ。これまでロフォーテン諸島の釣りシーズンには、数えきれないほどの漁師が溺死している。そうした不幸な事故は、ノルウェーを統一した美髪王ハーラル一世（在位八七二頃〜九三〇年）の治世よりも古くから起きている。たとえば一八四九年には、突然の凶暴な嵐によって一日で五〇〇人以上の漁師が命を落としたと伝えられている。一シーズンで、数千の人々がおもな稼ぎ手である父や夫を失っただろう。

ロフォーテン諸島を管理する軍の公式記録によると、一八八七年から一八九六年までのあいだに、難破によって溺死した漁師は二四〇人いる。船が沈没した主たる原因は、大波による浸水または転覆だという。(6) 荷を積みすぎた船＋大波＋冷たい海水＝溺死――この式は、ほとんど数学的な必然性を備えていると言えるだろう。

わたしは声に出して考えはじめる。「ロフォーテン諸島の釣りシーズンに、溺死した漁師は何人くらいだろう。五〇〇〇人か？　それとも二万人かな」

ヒューゴは数秒考えてから答える。

「そんなことは誰にもわからない。溺れかけて海のなかでもがいているところにニシオンデンザメが泳いできて、飲みこんだのも何人かはいるかもしれない」

わたしは海を見渡す。近くに船があるかぎりは安全だ、と自分に言い聞かせる。

「どう思う？　そろそろ充分釣ったと思わないか」と、ヒューゴは訊く。

船内の半分がタラで埋まっている。かき分けないと歩くこともできない。

「本当に充分か？」わたしは、ヒューゴが選んで絵の具入れにしていた古い缶で水とタラの血を船の外へくみ出しながら、皮肉たっぷりに言う。

「糸を引きあげよう」とヒューゴは言う。

携帯電話を確認する。電池の残量は少ないが、あと一時間くらいは保つだろう。手袋をはずして魚の血抜きをしていたから、指はぬるぬるして冷えている。ここ数日、マイナス一五℃だったことを思えばかなり暖かいのに、まだ指先が凍えている。そのとき、携帯電話が濡れた石鹸のように手から滑り、水のたまった船底に落ちる。まあ、海の底へ沈むよりはましだ。ヒューゴは自分の電話を確認する。まだ電池はいくらか残っている。

出発したときよりも波が高いということはたしかだ。ほとんど透明に近かった空が変わりはじめている。ヒューゴは外洋のほうを見つめている。視線は地平線に固定されている。開いた幕の向こうから、濃い煙草の煙がゆっくりとこちらへ流れてくるようだ。ヒューゴはモーターを回し、スクローヴァへ向けて出発する。

「雪になるぞ」。モーターはスピードを上げようと激しい音を上げる。だが、重すぎてほとんど進んでいないように思える。

数分後、重く湿った雪が降りはじめる。いまいるのは、ヴェスト湾のど真ん中、嵐と雪の悪天候《レンネドレーヴ》のさなかだ。

安全でなじみ深いスクローヴァとその周辺の島々は、すぐにかすんで見えなくなる。スクローヴァ灯台はもうあまり役に立たない。世界は色を失う。雪と突風が空を暗くする。まるでボートが袋に包まれているようだ。

「まあ、それほどの雪でもない」ヒューゴは自分なりの基準による〝それほど〟という言葉を強調し、ほとんど見えないなかボートを動かしている。危険な岩礁や浅瀬はまだ先だ。目指すスクローヴァの裏側は、岩礁に囲まれていて、とくに油断できない。その浅さから「ブーツの海《ストーヴェルハヴ》」と呼ばれている場所だ。

しばらくのあいだ視界が完全に閉ざされる。それから、島がわずかに見えてくる。だが、どの島だろう？　島が動き、形や位置を変えているように思える。遠くにリレモーラ山の尖った頂が見えたように思ったが、あるいはスクローヴァだったのかもしれない。いま、それと同じ方角に、小島のようなものが見えるが、どの島なのか見当もつかない。世界は流れるように動き、古い窓ガラス越しに見ているように視界が歪む。シェーンベルクの音楽に形を与えるとしたら、この対位法のような景色に似ているかもしれない。

ボートは、氷で包まれ、折れる寸前の木の枝のように重みでたわんでいる。人は誰もがいずれ死ぬとはいえ、海で亡くなる人は、まさに一瞬にして永遠に消えてしまう。まるで海に沈み、その一部になったかのように。昔、いくらか親しかった知人が、海の底へ引き下ろされるトロール網のロープに足を絡め取られてしまったことがある。遺体は見つからなかった。それから三〇年経つが、いまだに思いだす。わたしの曾曾祖父は海で溺れ死んだが、それを受け継いで我が家の伝統にするのはご免こうむりたい。

深く、黒い海が迫ってくる。それは冷たく無関心で、いっさいの共感を持たない。超然として、ただ自らであるのみ。これは海にとって日常のことだ。海は人間を必要としない。われわれの希望や恐れなどまるで気にかけない。どう書かれても、なんとも思わない。海の暗い重みは圧倒的だ。自信過剰なわれわれの祖先が、丸太をくりぬいた船を海に浮かべ、穏やかな波に乗って沖へ漕《こ》ぎ出したものの、手でも櫂《かい》でも、漕いでもどれないほど流れが強い沖へ出てしまったとき以来、多くの人間がこうした状況に陥っただろう。あるいはわれわれのように、突然の嵐に虚を突かれた者もいたかもしれない。海には感情も記憶もないことに気づいたとき、誰もが同じ冷たい震えを感じただろう。海に飲まれたものは消え、魚やカニ、環形動物、ヤツメウナギ、ヌタウナギ、扁形動物、あるいは深海の寄生動物の餌になる。命を落とし、永遠の形なき万物に抱かれる。

ヨナを罰しようとしたとき、神は彼を飲みこむ巨大な「魚」を送った。ヨナは海の底で壁に囲まれ、許しを乞うて声を上げた。クジラの腹のなかでは、水で首まで浸《つ》かり、頭は海藻に囲まれた。だが、神が望んだのはヨナに厳しい教えを授けることだけだったから、クジラに、ヨナを死の領域から引きあげて陸に吐きだすよう命じた。ヨナは恐れから忠実な信仰者に変わった。イスラム教も、クジラには敬意を払っている。コーランでは、ヨナを飲みこんだクジラは天国に入る一〇の動物のうちのひとつに数えられている。(7)

凄まじい風と雪だ。この程度のことは、昔の漁師にとってはいつものことだったのだと自分に言い聞かせる。船の大きさや性能も、われわれのボートとあまり変わらない。彼らは帆船に乗っていたが、恐れ知らずの有能な男たちは、どんな状況でもうまく対応していた。いや、待てよ……そんなことはできていなかったんだ。釣りシーズンごとに、数百人もの溺死者が出ていたのだ。同じこの季節に、同じこの海で。スクローヴァには古い歌が伝わっている。はじめ海は、その宝を気前よく人間に明け渡す。

だがふいに、恐ろしい怒りに変わる
与えたものは取りもどす、利子をつけて。
そうだ、残されるのはただ
かつて船だったものの残骸のみ。
海は与える、だがまた奪いもする
水夫たちは水の底、海藻の墓に残される。(8)

わたしはヒューゴを疑わしげに見る。不安は感じられない。とはいえ、海に出ているときに不安そうにしているヒューゴなど、見たことがあるだろうか。だが少なくとも、もうヘッドセットはつけていない。もし海流によって波がずれ、べつの波と重なりあって二倍に膨れあがったらどうなるだろう?

ボートの底はタラで埋まっている。そのえら、あるいはヒューゴの呼び方では〝トクナン〟は、まだひくひくしている。魚は、泳ぎながら音を立てる。タラの場合は、うなるような音や、モールス信号のような連続した重低音だ。その言語を理解することはできないが、ここにいる瀕死のタラはわたしに何か伝えようとしているように思える。

暗い海の底、砂と滑らかな岩の上を水は絶えず動いている。海底のヒトデも、しっかりと摑まっていなければならない。指のような形をした海藻が、強い風を受けた背の高い草のように揺れている。オヒョウは落ち着いてより深い層へ降りていく。海底に達すると、ガウンを羽織るように砂のなかに滑りこみ、身を落ち着かせる。タラやポロック、コダラ、ニシン、サバの卵は動きつづける昆布にくっついて安定しようとする。あまり目が見えないニシオンデンザメは、暗闇でじっとしている。そこはあまりに深く、海面で起きていることにはほとんど気づかない。

ヒューゴは速度を落とし、周囲に注意するようにわたしに言う。何も見えないうえ、ボートは海流に流されており、状況はよくない。目指す海域に入っていくには岩礁や浅瀬に絶えず注意していなければならないが、自分たちの位置さえわからないのだ。もちろんヒューゴもそのことは心得ている。わたしなどよりはるかに海をよく理解している。一瞬でも視界が開ければ、的確に状況を見てとるだろう。たとえ陸が見えなくても、彼にとって海はなんの特徴もない均一な場所ではない。海におけるあらゆる位置は、陸の上と同じで、海流や海底の条件、深さなど、それぞれに特徴がある。だが、視界が完全に閉ざされていては、その判断力を行使することすらできない。

ふたりとも口数は少ないが、ヒューゴはときどきわたしに意見を聞く。いまちらっと見えたのはリレモーラ山かな。陸と海が入れ替わっているみたいだ。だがそれは、形だけのものだろう。こうした状況では、ヒューゴは何よりも自分の判断を信頼している。そして、わたしもまた彼を信じている。わたしには、もう方角さえわからない。できることと言えば、何かが目の前に見えたときに声を上げることくらいだ。やがて雪が激しくなり、目も開けていられなくなる。細目を開けるが、ボートの少し先までしか見えない。雪が壁になり、あらゆるものの輪郭を消している。いちばん心配なのは、陸に突っこんでしまうことより、陸に到達できないことだ。また風が強くなり、波も高まってきた。あっというまに海を捉える風に、わたしは飽くことなく感嘆しつづける。

一四フィートのボートはいままで以上に小さく、海ははるかに大きく感じられる。ボートとヒューゴ、わたしはまったくの素面《しらふ》だ。ただ海だけが酔っている。何度船縁から海を覗きこんだだろう。いま、それはわたしを見つめ返してくる。スクローヴァの歌に、こうした感情が歌われている。「嵐と荒海は押しつぶす力／人間は草もおなじ」

今回ヒューゴは綱や錨を持ってきていない。それらはＲＩＢに載せたままだ。わたしはガソリンの残量は充分だろうかと尋ねる。ヒューゴは顔をしかめ、確認し、うなずく。珍しいくらい無口だ。警戒し、集中しているのだろう。送られてきた匿名の脅迫状を、真剣に受けとめるべきかを考えあぐねているかのようだ。

舳先にすわっていると、しぶきでずぶ濡れになり、中央の漕ぎ座に移る。すると、ボートのバランスが崩れる。ヒューゴはいつもどおり艫に、巨大な船外機に手を乗せてすわっていたのだが、わたしが動きはじめたちょうどそのとき、大波が押しよせる。魚の入った籠が艫のほうへ滑っていく。ヒューゴは構えて、それを全力で蹴りかえす。重心がずれ、ボートはあやうく水をかぶって沈みそうになる。

わたしは慎重に舳先の自分の場所にもどり、もう二度とそこから動かないと決意する。

季節はまだ早いから、まもなく暗くなるだろう。雲が空を覆っていて、すでに薄暗い。風と暗さが協力しあうかのように上に被さっている。紺色の海は小島のまわりをかき回し、海のなかでは浅瀬が待ち構えている。湿ったぼた雪に固いものが混じりはじめる。空が冷えてきたのだろう。

ボートはメリーゴーラウンドの馬のように上下に飛び跳ねる。透きとおった水に包まれ、まっすぐ下へ降りていく。海はわれわれの前に、上に、そしてなかにある。だがなんといっても、それはわれわれの下にある。その暗い海の底には、不思議な魚が棲んでいる。

ふいにカーテンが開かれ、明るくなる。あのスクローヴァの歌の続きはこうだ。「そして厚い雲のあいだに、光の筋は見つける／喜びと希望のスクローヴァへの道を」。視界が開け、ぎざぎざの黒い峰を頂く雪に覆われた島が現れる。ボートからわずか数キロの、港に近い場所のようだ。ヒューゴはすぐにどこにいるのかに気づく。想像もできないほど西へ流されていた。風も海流も、そちらからきているというのに。もしさらに一時間ほど流されていたら、間違いなくヘニングスヴァーのあたり、あるいはもっと遠く、見知らぬところまで漂流していただろう。

ようやくすべてがもとにもどる。チョコレートを食べ、水を飲みながら、ひと言も交わすことなく進みつづける。ある種の状況では、言葉は必要ない。二〇分後、出発したときとは反対側からスクローヴァの港に帰り着く。ボートにはまだタラが山盛りだ。どうにか海に投げ捨てずにすんだ。陸に上がれば、とりたてて大変な目に遭ったようなことは言わないし、実際にたいしたことでもない。浜に着いたいまは、またとない経験ができたと思うだけだ。

24

ロフォーテンの海に釣りに出ていたなら、ボートを埠頭につけただけでは一日は終わらない。まだ半分仕事が残っている。釣った魚の処理だ。捌くためのテーブルを埠頭に出すと、すぐに魚の内臓が飛び交う。ヒューゴは日本製の鋭い包丁でえらを切断していく。

きちんとしたタラの干物、〝ロートシェール〟をつくるためには、干すまえに背骨を取り除かなくてはならない。そして残った切り身を、尾を上にして竿の両側に垂らす。二枚に開くこの方法は時間がかかるが、そのぶん出来上がりはすばらしい。洗った魚を丸干しするやり方もあるが、それでは内臓が癒着し、乾燥の過程に影響してしまう。オラウス・マグヌスの時代には、すでにロートシェールはもっとも価値あるタラの干物とされ、風味豊かな料理に使われていた(9)。

ヒューゴが捌いているあいだに、魚が自分の重みで落ちてしまわないように尾のつけ根を紐でしばるのがわたしの仕事だ。肝や白子、えらの処理もしなければならない。白子は桶に入れ、何度も塩をまぶす。放精間近のものはよくない。ゼリー状で、脂肪が多すぎるためだ。さいわい、そうしたものは少なかった。乾燥するときに、塩分で白子から水分が抜ける。ヒューゴはそれから白子を煙で燻《いぶ》して調理する。また、タラの一部も塩漬けにし、あとで乾燥させて〝クリップフィスク〟にする。

肝臓は大きなプラスティックのバケツに入れる。数週間から数か月で肝は分離し、純粋な肝油が表面に浮かぶ。それは、塗料を混ぜてオーショル・ステーションの壁を塗るのに使われる。バケツの底には〝グラックス〟という、腐ると強烈な悪臭を放つ油のような部分が残る。それはニシオンデンザメの撒き餌に使うつもりだ。ヒューゴによれば、かつてはグラックスを搾りとり、パイプのまわりに凍結防止用に塗っていたという。そこから発生するガスによって、熱が生みだされるためだ。

タラの肝油はペンキをつくるのに最適だ。だが、ニシオンデンザメの肝油でつくるペンキは、まさに比類がない。ロフォーテン諸島には、五〇年前に塗装された家がまだ残っている。そのペンキは決して剝がれず、ほかの塗料が付着しないくらい滑らかだ。建物の色を変えたくなったら、板ごと変えなければならない。宇宙船の塗料にもニシオンデンザメの肝油を使うべきだ。たとえその悪臭とともに地球の悪評を拡散させてしまうとしても。

忙しく作業しながら、今日のロフォートポスト紙の記事について考える。三月二五日は、「大酒の日」として知られている。その名の由来は不明だ。この時期になると、新人の船乗りが先輩の乗組員たちに酒をおごることができるくらいの稼ぎを得ているから、というのが可能性のある説明のひとつだ。もうひとつの説は、はるか昔、ノルウェーがまだカトリックの国で、大天使ガブリエルが処女マリアに受胎を告知した、お告げの祝日があったころに遡る。それと酒がどう関係しているのかはわからないが、よく言うとおり、神の働きは人知を超えているということだろう。それはさておき、わたしはふと部屋にウィスキーがあることを思いだした。オークニー諸島で、スコットランドでつくられた最上の〝ゾルト〟・ウィスキーだと言われて買ったものだ。

メッテは、海で泳ぎ、髪に氷柱《つらら》をつけて帰ってくる。生まれてからずっと釣り文化のなかで暮らしてきた彼女も、われわれの姿を見て嬉しそうにうなずく。鉢とバケツには内臓や白子、肝、えらなどが入っている。日光がだんだん弱まってくるなか、大きな音を立てながら光沢のある凍ったタラをラックに吊っていく。時間が経つと、そのうちのいくつかはルートフィスク（灰汁《あく》抜きをした干しダラ）になるが、それはそこらの店で売っている安物とは別物だ。品質のよくないタラでつくられるルートフィスクは水でばらばらになるが、われわれのは身がしっかりしている。

タラを干す過程には、かならず偶然が入りこむ。干し魚の品質は天候によって変化するからだ。

厳しい寒気のなかで長時間干すとふたつに裂けてしまう。これはノルウェーでは、〝フォスフィスク〟と呼ばれる。強すぎる日光も、魚が焦げてしまうためよくない。だが幸い、ロフォーテンの釣りシーズンの二か月間は、魚を干すために理想的な条件が整っている。タラがくるのがもっと遅かったら、気温が高すぎ、虫やカビ、細菌で駄目になってしまうだろう。もっと早い厳冬期だったら、気温が低すぎて乾燥せず、腐って魚に霜がおり、崩れてしまう。長年にわたってロフォーテン諸島で干し魚が生産されてきたのは、幸運が重なったためなのだ。魚が偶然この場所へ、大量に、長年のあいだずっと泳いでくるばかりではなく、それが干し魚をつくるのに理想的な季節だったからだ。

いま干しているタラについては、穏やかな天候で、いくぶん湿った風が吹き、しっかりと日光を浴びて、しかし気温が上がりすぎない（二、三℃）のが望ましい。そうすれば魚は適切な速度で乾燥し、熟成していく。少し雨が降るくらいなら問題ないが、大量の雨が長期間降りつづくのはよくない。専門の人々は魚の背が南西に向くように干す。そうすれば、雨が腹のなかに入らない。また、乾燥しすぎるのも好ましくない。暖かくよどんだ空気では質が落ちてしまう。幸い、スクローヴァではそうした天候になることは少ない。

上手に乾燥させることで、考えうるかぎりもっとも長持ちし、用途が多く、味もよく、タンパク質の豊富な食品が手に入る。タラは身が締まっており、干すと栄養分が凝縮される。長きにわたり、タラはノルウェーでもっとも価値のある輸出品だった。『エギルのサガ（*Egils saga*）』には、トロルヴ・クヴェルドルヴソンが早くも八七五年にはロフォーテン諸島からイギリスへ干し魚を輸出していたという記述がある。もっとも古い確実な文献によると、はじめて干し魚を輸出したのは、スクローヴァのすぐ北、アウストヴォーグ島の市場町ヴェーガーだ。

干し魚の選別者が輸出市場用に魚を評価するときに確認する項目は多岐にわたる。色、におい、長さ、厚み、堅さ、見た目などはすべて重要だ。手かぎの傷が残っていないか。血の筋や染みはないか。胸に肝が残っていないか。鳥がつついた痕はないか。カビがついたものなど論外だ。一四四四年に勅令によって魚の選別が義務づけられてから数百年のうちに、選別者たち独自の言語表現が発達した。一七世紀なかば、干し魚の製造と販売で栄えていたハンザ同盟〔訳注：中世ドイツの都市同盟。北海、バルト海沿岸の商業都市によって結成された〕都市のベルゲンには、タラの消費が広範囲に広がっていたことを示す資料が残されている。そこにはリューブスク・ザルトフィスク、ホレンダー・ザルトフィスク、ハンブルグ・ホーカーフィスク、リューブスク・ロスフィスクといった等級も書かれている。

干し魚の選別者は、現在では三〇の等級を使用しているが、なかにはハンザ同盟の時代から残っているものもある。まずプリマ、セクンダ、アフリカの三つの大きな区分に分かれる。イタリアでもっとも高い値段がつくのは、六〇センチ以上で薄く傷のない〝ラグノ〟だ。腹部はかならず検査のため開かれている。プリマとセクンダという区分の選別はすべて、当初はイタリア市場向けのものだった。それよりも低い等級のものはアフリカへ送られた。

ボードーへ向かう機内で、わたしはたまたまマンチェスター在住のナイジェリア人の紳士と隣りあわせた。その人物は魚のブローカーで、干し魚の生産者と今後の契約を交わすためにロフォーテン諸島へ向かっていた。干したタラの頭部は西アフリカ諸国ではとりわけ高い価値がある。春の終わりごろ、彼はまだ海のなかにいるタラの頭部をアフリカに売る。

夕食に、タラの頬の小さな切り身を食べる。皮を剝がしてから揚げたものだ。頬はタラのなかでも独特だ。繊維が少しだけ粗く、貝のような味がする。

食事中、ヒューゴが奇妙な、というより気分の悪くなる話をする。一九六〇年代半ば、彼がまだ子供だったころ、ヘルネスンに〝イェラー〟と呼ばれる大きなピラミッド型の干し棚が三台建てられていた。夏には、数万のポロックがその棚からぶら下がっていた。ノルウェー北部では、ポロックは通常吊るして干すことはないのだが、それは特別な市場用だった。内戦が激化し、悲惨な飢饉《ききん》が起きていたアフリカへ出荷するためのものだった。

ところが、魚にハエがついてしまった。そこで輸出前に、白い防護服を着た人々が魚に強力な殺虫剤DDTを散布したという。だがヒューゴの記憶によれば、不幸中の幸いというべきか、干したポロックのアフリカへの輸出は数年で終わった。

ミンクにタラを食べられないように見張っていなければ、と考えながら、わたしは服を着たまま眠りに落ちていた。

25

翌朝、わたしはコーヒーを一杯飲み、埠頭へ出る。タラは無事だが、湾内をカワウソが泳ぎ、オーショル・ステーションを過ぎて浮きドックへ向かっていく。こそこそするつもりもないらしく、イルカのように海の上を跳ねていく。やがて急に止まって足先をこすりあわせ、わたしを見る。そこへヒューゴが埠頭に出てきたので、カワウソを指さす。しばらくすると、またしてもイルカのような動きで泳いでどこかへ行ってしまう。ヒューゴとわたしは笑いだす。彼はカワウソがそんな泳ぎ方をするのを見たことがなかったし、スクローヴァの見晴らしのいい湾内で、明るい光のなか、そんな動きをするのはおかしなことだ。ヒューゴはスクローヴァ周辺で釣りをするときによくカワウソを見かけるが、いつでも、とりわけ冬には楽しそうにしている。勾配の急な凍った岩から海へ滑り降りる。それからまたその岩に登り、また滑る。その行動に、目的があるようには見えない。つまり、遊んでいるのだ。カワウソは知性が高いことで知られている。ときには仰向けで、足で石を持って浮かんでいることがある。そしてその石を使って胸に置いた貝を割る。

カワウソはスクローヴァの在来種だ。だがミンクは一世紀ほどまえにアメリカから持ちこまれ、毛皮を捕るために飼育された。もちろん、多くのミンクが逃げて野生化した。ミンクはどこにでも入りこみ、邪魔もされないため、たびたび問題を起こしている。また数多くの海鳥を殺している。

午後、ボートで海に出るが、それほど遠くまでは行かない。天候がよく、二時間ほどで一日分のタラが捕れる。この一四フィートのボートでは、もっと沖へ出てニシオンデンザメを捕まえることなど問題外だ。ただ持ってきた本のなかには、この季節は海中にニシオンデンザメがたくさんいると書かれたものもあり、惜しい気もする。

ヨハン・ヨルト（一八六九〜一九四八年）はノルウェーの偉大な海洋学者のひとりだ。一九〇〇年に、彼はミハエル・サーシュにちなんだ名を持つ漁業調査船に乗り、一年間ノルウェー北部の海岸調査の旅に出た。ヨルトは科学者であるだけでなく、ノルウェーの漁業総局の局長でもあった。彼は北部で漁業全般を独自に調査し、それを記録した。わたしは今回、一九〇二年に彼が発表した『ノルウェー北部における漁業と捕鯨（*Fiskeri og Hvalfangst I det nordlige Norge*）』をスクローヴァに持ってきていた。

序文には、「漁業対捕鯨という古くからの対立によって一般に知られている、ノルウェー北部の長年の懸案」に解決の糸口を与えたいと書かれている。当時、フィンマルク県沿岸部に住む漁師は、大量のシシャモを沿岸部に追いこむクジラが捕鯨船に捕獲されることで、自然のバランスが崩れていると考えていた。つまり、シシャモが沿岸に現れなくなったのは捕鯨者のせいだ、というわけだ。一シーズンのあいだに、彼らはヴァランゲルフィヨルドだけで、多ければ一〇〇頭のシロナガスクジラと数十頭のナガスクジラを捕獲する。沿岸部の漁師はまた、捕鯨船の炉や工場が海底を汚染していると考えていた。

経済的、海洋生物学的な漁業のあらゆる要因の調査に乗りだしたヨルトは、ニシオンデンザメについても無視することはできなかった。彼はニシオンデンザメに関する科学的知識はまったく不充分だと認めつつ、北極海には大量のニシオンデンザメが生息していると結論を下した。当時、北部のニシオンデンザメを捕獲することはかなり重視されていた。ヨルトによれば、冬になるとそれは南下し、クリスティアーナ（現在のオスロ）の近くのブンネフィヨルド〔訳注：オスロフィヨルドのもっとも奥に位置する〕まで出現していた。

冬の終わり、ちょうどタラが産卵に現れるころ、ヌールラン県〔訳注：本書の舞台、ヴェスト湾の両岸を含む地域〕の沿岸部には大量のニシオンデンザメが姿を現していた。ヨルトは、タラ漁を継続していくためにはまずニシオンデンザメを駆逐しなければならないと書いているが、この不可能とも思える任務を達成する方法については何も語っていない。フィンマルク県、とりわけハンメルフェストからヴァードーまでのあいだだけで、ヨルトが滞在していた期間に、ニシオンデンザメは六艘の船と二一艘の内燃機船によって捕獲されていた。そこに記述されているサメの捕獲法から考えると、ヒューゴとわたしの方法はあながち的外れではないようだ。わたしは赤い家の床を張っているヒューゴを探しにいき、ヨルトの本の一部を読んできかせる。「大きく強い鉄製の針を使い、細い鉄鎖をつなぎ、糸には大きな鉄のオモリをつける。アザラシの脂肪を撒き餌にし、小さな手巻きのウィンチで引きあげる。この方法で、一日に六〇頭のニシオンデンザメが捕まえられる」

「一日で六〇頭か。それは自慢になるな」と、ヒューゴは笑いながら言う。

ヨルトが面談した漁師たちは、ニシオンデンザメが広範囲を泳ぎまわっていると考えていた。四月には、船は沿岸で釣っているが、五月になるとかなり沖へ出ていった。夏になると、漁師たちはニシオンデンザメを捕まえるために、ロシア沖の白海の東部の氷原まで行かなければならなかった。そして九月には、多くの漁船がビュルネイ島とスピッツベルゲン島のあいだの浮氷を目指した。冒険に参加していた船の乗組員は、はるか北で捕まえたニシオンデンザメの腹のなかには、網や針がしばしば残っていたとヨルトに語っている。当時、そうした種類の装備は北極海では使われていなかったから、サメはノルウェーの海岸沿いのどこかでそれを飲みこんだにちがいない。漁師たちは、サメがタラを追って北極海へ移動し、またノルウェーにもどるのだと考えていた。サメの腹のなかにはまるごと飲みこまれたタラが大量に入っていたからだ。

ヨルトはニシオンデンザメの釣りに関する記述の終わり近くで、ヒューゴとわたしの経験とも完全に一致する考えを述べている。「ニシオンデンザメ釣りはまったく骨が折れる。北の海では年中嵐になり、それにもちろん、小型船が冷たく荒いうねりで揺れるなか、錨を下ろし、重いサメを釣りあげる作業はとりわけ苛酷だ(10)」

ヨルトに情報を提供した漁師には、生涯ニシオンデンザメと格闘した人々もいた。ある北極圏の船乗りは、夏には三〇年連続でニシオンデンザメを追った。その船乗りは、ひとりで七万リットルの肝臓を採ったと語っている。そしてそれ以外の部分は捨ててしまった。わたしはこの人物に静かに感謝しながら、このノルウェー北部の漁業と捕鯨に関する本を閉じた。著者のヨハン・ヨルトのまえには、海の研究者としての輝かしい未来が待っていた(11)。

タラはまさにわれわれの目の前に群れをなしており、目ざとく飢えたニシオンデンザメが、北極海からはるばる追ってきているはずだ。ただ、たとえボートの準備ができていたとしても、すぐに釣りに出るわけにはいかなかっただろう。スクローヴァのタラ釣り大会が間近に迫っていたからだ。

26

そのイベントの話がはじめて出たのは去年のことだった。ある日の朝起きると、南西から強風が湾内にまっすぐ吹きこんでいた。ヒューゴは、一四フィートのボートがちゃんと係留できているかと心配した。そのころはオーショル・ステーションに浮きドックがなかったため、釣りからもどってくると、エリンセン・ステーションの前に停泊していた。

ヒューゴの勘は当たった。湾の反対側へ行ってみると、ボートは水浸しになっていた。三〇分ほどかけて水を汲みだし、舳先が海側になるように船の向きを変えて安全を確保した。近くまできたついでに、アンカス・イェステブード・レストランで行われていたタラ釣り大会のパーティに出ることにした。

建物の角のあたりで、大人がふたり、雪の吹きだまりで大の字に寝て転げまわっていた。雪洞でも掘るつもりだろうか。有名な俳優がヴォーカルを務めるブルース・バンドの演奏が流れてくる。

「きみはカモメだ／そんなふうに終わりにしようと思うなんて／みんなは嵐のなか飛びたっていくのに／きみは岩にとまって叫んでいる」


まだ午前中だった。野外に設置された丈夫なテントは一〇〇人以上収容できるが、みな屋内に避難していた。外にいたら、人も物もすべて強風に吹き飛ばされてしまいそうだった。

屋内のバーは、かなり酒が入り、外にいるかのような大声で話している客たちで混雑していた。客は大人ばかりで、女たちも男たちと同じように騒々しかった。バーでワインをもらおうとすると、隣の男がじっとこちらを睨《にら》んでいる。わたしは我慢できずにその男を睨みかえした。

「喧嘩したいのか」と男は言った。

わたしは驚き、まだ飲み足りないから少し待ってくれ、となるべく丁寧に答えた。冗談だったのかもしれないが、ただの冷やかしだとほのめかすような、ちょっとした笑顔や態度はまったくなかった。少し離れたところにすわっていたヒューゴはこの出来事に気づいており、テーブルにもどると、あの男は何を言ったのかと尋ねた。ヒューゴはとくに驚きもせず、あの男は有名な乱暴者で人の腕を折ったこともあるから、おとなしくしておいたほうがいい、と言った。

ヒューゴは子供のころの話をした。ある朝、家のなかから窓の外を見ていると、ひとりの男がテントをナイフで切り裂き、そこから飛びだしてきた。最初の男につづいてふたりが走って出てきて、海岸のほうへ最初のひとりを追いかけていった。それからテントは爆発し、フレームだけになってしまった。喧嘩の最中に、誰かが携帯用コンロを倒したからだ。海までくると、追われている男は泳いでさらに逃げた。残りのふたりは猟銃をとりだして泳いでいる男を狙って撃った。泳いでいる男は五〇メートルほどの距離の湾内に停泊している自分のボートを目指して泳いだ。

翌日、誰かが連絡したのか、保安官がやってきた。法の規定に基づき、三人の男たちは握手をし、燃えたテントの代金を折半することになった。全員がすぐにそれに同意し、それでその出来事は終わった。

メッテもアンカス・イェステブードでのタラ釣り大会のパーティに顔を出した。メッテは物怖じしないし、盛り上がることが好きだ。だが、その場は騒々しく、少し野蛮なエネルギーが満ちていた。普段はそれほど飲まない人々が集まり、みな酔っぱらっていたため、何でも許されるような雰囲気があり、ひどい騒ぎが始まっていた。メッテはすぐにうんざりして、そこから出ていった。

ヒューゴとわたしはその場の雰囲気に少し神経を尖らせながらテーブルに残っていた。タラ釣りの大会なのか酒飲み大会なのか、簡単には見分けがつかない。いつもは無口な人々が慎みを忘れて横柄な態度をとっている。はじめからここにいて、エネルギーが高まっていくのに参加していないと、これにはついていけない。張りあうために赤ワインをがぶ飲みした。幸い、パーティは四時に終わり、誰ひとり波止場から落ちることも、海のなかまで追いかけられることもなかった。

雪と風のため肩をまるめながらオーション・ステーションへもどる途中、ヒューゴが最後に言った言葉を覚えている。

「うちでは絶対にあんなパーティはやらないぞ」

いまから五日後にオーション・ステーションで行われるのは、まさにそれと同じパーティだった。しかもヒューゴは木箱でバーまでつくっている。アンカス・イエステブード・レストランが閉店したため、釣り大会のパーティの開催を打診されたのだった。建物の規模も会場として最適だった。この依頼を断ることはできなかった。この施設には相当の投資をしており、どうしても収入を得る必要があったからだ。ステーションを完成させるにはまだやるべきことが多く、それには多額の資金が必要で、そのうえ銀行への返済もあった。そのような大がかりなイベントを行うには、施設が完全に整っていなかったが、ともかく彼らはやることに決めた。

三年前、オーショル・ステーションはスクローヴァを訪れる人に痛ましい姿をさらしていた。島全体の面汚しだったと言ってもいい。壁は剝がれかけ、埠頭はひどい状態で、腐って海に崩れ落ちそうだった。それは全世界に向けて、スクローヴァが、そしてノルウェーの海岸沿いの数千の小さな共同体が衰退していると発信しているようなものだった。オーショル・ステーションは古代の城のような絵になる廃墟ではなかった。それは「進歩」に伴う人口減少と全体的な崩壊を思いださせた。残された人々は追いつめられていた。敗北を認めなければならないのも時間の問題だった。未来は明らかにここにはない。もちろんこれがすべて正しいということではない。ただ、スクローヴァの真ん中にある、柱の腐りかけた古い大型漁業ステーションは否応なくそんな印象を与えていた。

だがいまや、新しいオーショル・ステーションの扉がはじめて開かれようとしている。それはメッテとヒューゴ、ステーションにとってだけでなく、スクローヴァ全体にとって記念すべき日となるだろう。目指すのは、オーショル・ステーションが島全体のコミュニティと文化の中心、つまりスクローヴァの「リビングルーム」になることだ。長年、古い漁業ステーションは大量のタラを陸揚げしてきた。死の淵から蘇ったオーショル・ステーションで開かれるはじめての催しとして、タラ釣りを祝うパーティ以上にふさわしいものがあるだろうか。

前日は慌ただしい。来場客は、スクローヴァの人口よりも多い、数百人を見込んでいる。人々は大型のＲＩＢや釣り船、またはヘリコプターに乗って、スヴォルヴェルやカベルヴォーグからやってくるだろう。近隣のホテルは、遠方から釣りの世界選手権に参加する人で、すべて満室になっている。彼らは、勝つことよりもこの地のすべてを楽しむためにくる。美しい光景に、（天候がよければ）海に浮かぶ数百のボート、そしてゆっくりと時間をかけて食べるタラのディナー。ノルウェー中の企業が従業員や関係者を参加させ、チームスピリットと熱意を発揮する。だがいちばんの催しは、オーショル・ステーションで行われるものをはじめとする、さまざまなパーティだ。

メッテとヒューゴはここ数週間休みなく働き、計画から手配、許可、そして追加の電源や酒類の販売許可、地元の消防局の許可申請など、現場で必要とされる数々のことに忙殺されていた。壁に漆喰《しっくい》を塗り、さらに多くのバーをつくり、手すりを設置し、部屋の掃除と装飾をしなければならなかった。クジラの肉やフィッシュ・バーガーを提供するため、キッチンをつくった。島中の人々からあらゆるものを借りたが、それでも足りなければスヴォルヴェルから運んできた。

ヒューゴはまた、重さ数トンの古いボイラーを手に入れていた。それはクレーンで埠頭まで運ばれ、両開きの扉から転がして、かつては針に餌をつけるのに使われていた部屋に入れられた。オーショル・ステーションまでは車道が通じていないため、一定以上の重量と大きさのものは船で運びこまなければならない。かつてオーショル家が所有していた〈ハヴグル号〉という船で、一五一二本の缶ビールを載せたパレットと、暖房用に使う二六〇ガロンの軽油が甲板から埠頭に下ろされる。

スクローヴァ全体がパーティの成功を願っている。大きな影響力をもつ島民がこのイベントを大切にし、行政が障害になりそうなときには裏で働きかけてくれていた。体格のいい男たちがやってきて、重い荷物を置いていく。会ったことのない人々が（ヒューゴはスクローヴァでは引きこもっているので）あちこちを走りまわっている。誰もがやるべきことを理解しているらしい。オーショル・ステーションでのパーティの準備が進み、人々がどこからともなく現れる光景は、ディズニー映画の『シンデレラ』のようだ。

天候までもが最高で、晴れて湿度も低く、タラ釣りにもっとも適した条件だ。ビールのコマーシャルのような、青と白の海。金曜の午後にボードーからの船便で雇いのミュージシャンが着くころ、ほとんど準備が完了する。

27

午前一〇時には、すでに人々がまばらに部屋に入ってくる。オーショル・ステーションに入るのは四〇年ぶりという人もいただろう。みな、いまの状態をたしかめたくてうずうずしている。一日中、ひとの流れは絶えない。修復された数隻の古い漁船が、かつての乗組員によってマストや艤装にタラを干され、整備された埠頭に停泊している。

長年、パーティに出席するたびに乱闘騒ぎを起こしてきた腕自慢の来客もいる。そんな大男たちは、一パイントのグラスを持っていても、小さなグラスくらいにしか見えない。大酒飲みも多い。何日間も酒を飲みつづけている者もいる。だが、喧嘩は起こっていないようだ。いたって友好的な雰囲気だ。

長く会場にとどまるのは、ほとんどが地元、つまりヴェスト湾の両岸の人々だ。ヒューゴは、五〇年前、夏休みにヴェステローデン諸島のフライネスにある曾祖母の家に遊びに行ったとき以来、ずっと会っていなかった知人を見つける。ヒューゴによれば、その少年は暑いのに、茶色いズボン下をはいていたという。そして、カラスをペットにしていた。その人の隣に立ったとき、ヒューゴは突然そちらを向いて話しかける。「カラスを飼っていた知り合いがいるんですが、ご存じありませんか？」

男性は驚く。彼自身もそのことはほとんど忘れていた。

わたしは埠頭でハーマロイの漁師と話をする。オヒョウをよく釣っている人で、ニシオンデンザメが網に引っかかり、それを引き裂いてしまうので困っているという。もし運悪くサメが捕まらなかったら、自分のところへくればいい。きっと大量のニシオンデンザメがいるだろうと言ってくれた。その人の名前はメモしたが、ヒューゴとわたしはたぶん自分たちのやり方でやることになると伝える。

みなが食べ、飲んでいる。用意した酒類が、大酒の日かと思うほどすぐになくなっていく。スヴォルヴェルに追加の手配をする。午後、いちばんよく聞いた言葉は「酒はいまフェリーでこちらに向かっています」だ。フェリーがようやく入港すると、目ざとい人々がオーショル・ステーションへ向かってくる船を目で追っている。船長の帽子をかぶった年配の男性が、いたずらっぽい笑みを浮かべてアクアビットを五〇杯注文する。彼の仲間たちは、ゆっくりと一杯ずつ飲みほし、外へ出て自分の船に乗る。ちょうど引き潮で、彼らは埠頭から下へ降りなくてはならない。これまでに何度もしてきたことだから、ほとんど無意識でそうしている。

彼らと入れちがいで、全長六五フィート（約二〇メートル）の伝統的な造船方法で建てられたヴァイキング船が湾に入ってきて、オーショル・ステーションの埠頭につける。両端が対称な新しい船で、前後に竜の頭がついている。

人々は昨年よりも落ち着き、楽しい雰囲気が広がっている。雰囲気が伝染しているのは昨年と同じだ。ちがうのは、今年はそれがよい方向へ向かっていることだ。

夜通し、ロフォーテンの空には星が輝き、晴れている。パーティが終わるころ、わたしは埠頭に出て歩く。暗い屋根の上や波止場、スクローヴァの岩の多い海岸線に雪が舞っている。古びた塩漬け工場で奏でられるブルースが、ステーションの隅々まで届く。ベースギターの音は屋根裏までのぼり、埠頭の柱へと降りていく。音楽が湾のなかを漂っている。海流は休むことなくヴェスト湾へと流れていく。

普段、スクローヴァの夜は静けさに包まれる。風と、エリンセン・ステーションの冷蔵庫や送風機の音のほか、ほとんど音はしない。カモメも、餌を求めて戦う必要もないため、あまり鳴くことはない。いまは、屋内から聞こえてくる音楽と笑い声が、ゆっくりと海に降っては溶ける軽い雪と混ざりあっている。海底を泳ぐタラは産卵のときを待っている。

オーショル・ステーションの窓はかすかに光り、船のマストにかけられたランタンは建物の白い正面に柔らかい光を投げかけている。干し魚の倉庫に暖房が入るのは、はじめてなのではないか。沈黙と崩壊の数十年ののちに復活したステーションは新たなエネルギーを放っている。新しい年が巡りきて、古い年を追いだすように。オーショル・ステーションそのものが、何年もまえに止まっていた目に見えない巨大な時計だ。今夜、それはふたたび時を刻みはじめた。

28

掃除には二日かかる。いよいよニシオンデンザメの捕獲に集中できる。一四フィートのボートはかなりよい状態になり、船体の氷はほとんど溶け、水も汲みだされた。ところが、朝には凍てつく暴風が東から吹きはじめ、ヴェスト湾は白くなる。これでは海へ出ることはできない。吹きつづける風でできた氷の結晶が低い冬の太陽を浴びて輝いている。

ニシオンデンザメは一度釣り針にかかったのだから、またチャンスはあるはずだ。だが、それは今回ではない。わたしが南へもどる日まで、結局天候は回復しなかった。ここに滞在しているあいだ、サメ用の針を海に下ろしてさえいない。だが、寒風のなかでタラが揺れている。その光景にわたしは満足し、美しささえ感じる。

春

Spring

29

春がきて、またしてもわたしの内なるコンパスが北を指す。よく引用される作家のロルフ・ヤコブセンの詩のとおり、「この国は長く／ほとんどが北にある」のだ。ところが北にきてみると、ほとんどのものは実際には南にある。

四つの方角のうち、北はもっとも謎めいている。かつては、北の極地は地平線のかなたにあり、誰もそこへ行くことはできなかった。その場所については、想像によって描くほかなかった。謎めいた北方という物語は、ギリシャ人の天文学者、地理学者であるマッシリアのピュテアスにまで遡る。紀元前四世紀に、彼は地中海からいまのイギリスへ航海した。そしてブリテン諸島に沿って北上し、スコットランドの北端へ到達した。そこから六日間北へ向かい、未知の土地にたどり着いた。そこは冬になると一日中暗く、夏には太陽がずっと照らしている。人々は友好的で、たくさんの奇妙な風習がある。霧が多く、海は氷結している。ピュテアスはこの土地をトゥーレと呼んだ。

ピュテアスの本はすべて失われてしまった。その記述は、わずかに引用の形で断片的に残っているにすぎない。だが彼の旅については、二〇〇〇年以上ずっと議論されてきた。ピュテアスが訪れたのは正確にはどこだったのか？　オークニー諸島か、あるいはシェトランド諸島、バルト海沿岸、アイスランド、ノルウェー、またはグリーンランドだろうか？

地理学者のストラボンは、そのすべてが嘘であり、ピュテアスはペテン師だと考えていた。誰もが知るとおり、ブリテン諸島は住むことのできる最北の地なのだ。それよりも未開の地など、アイルランドしかない。そこに住む民は姉や妹とベッドをともにし、年老いた親を食べる。ピュテアスが書いたトゥーレという謎めいた土地は、想像の産物にすぎない、と。

ところが、トゥーレの神話は時が経つほどに成長していった。ローマ時代の詩人ウェルギリウスは、極北の影のような世界、夜への途上の土地を表すのに、〝もっとも遠い、最果てのトゥーレ〟という意味の、ウルティマ・トゥーレという言葉を使った。

著名なノルウェーの探検家、科学者、外交官のフリチョフ・ナンセンは確信していた。ピュテアスの記述にぴったり一致する土地はひとつだけであり、それはシェトランド諸島やアイスランドではない。ノルウェー北部だ。たとえばピュテアスの海の描写は北極海を思わせるなど、あてはまらない箇所もある。それでも、二四〇〇年前の北大西洋はいまよりはるかに気温が低かった可能性がある。それに、ピュテアスがヘルゲランやさらに北の海岸沿いを訪れたときに、地元の民が北極海について語ったとも考えられる。そこで彼は白夜を経験しただろう。もしかしたらトゥーレとは、ヒューゴとわたしがスクローヴァ灯台の近くに陣どったとき、はるか海の先にちらりと見えたヴェル島のことかもしれない。

ナンセンはヒュペルボレオス人についても書いている。ギリシャ神話によると、彼らは、星が休み、表面が細部までくっきり見えるほど月に近い、北の果ての海のそば、北風の吹く北の地に住んでいた。ヒュペルボレオス人はときにアポロンを晩餐や舞踏に招いた。その土地には巨大な寺院もあったという。それは風によってつくられ、空に浮かぶ球体の形をしていた。ヒュペルボレオス人はまた音楽を愛好し、フルートやリュラを演奏して時を過ごした。戦争や不正義については何も知らず、年を取ることも病気になることもなかった。つまり、彼らは不死だった。生きることが嫌になると、花輪を髪につけ、崖から飛びおりた。

トゥーレやヒュペルボレオス人など北方に関する神話の物語は、荒涼たる景色ではなく、美と純粋さ、静けさ、そしてそれらへの強い希求を特徴とする。未知の北の地は、高貴で手の届かない、汚されていない純粋なもの、つまり無垢で高潔なものを求める心のよりどころだった。

トゥーレはもはや世界のかなたの夢ではないが、憧れの地であることはいまも変わらない。

五月半ば、わたしはまたボードーからスクローヴァへ向かう双胴船に乗る。冷たく鉱物の豊富な海水が、海流と冬の嵐でかき混ぜられている。太陽が海に新たな生命を与え、植物やプランクトンが繁茂している。

スクローヴァ沖の海は濁ったライトグリーンだ。世界には、特徴的な色を持ち、その色を名とする海がたくさんある。紅海はおそらく赤っぽい藻類の色からだろう。白海はほぼ一年中氷で覆われている。ゴビ砂漠〔訳注：中国北部からモンゴル南部に広がる〕の砂は嵐によって黄海へと運ばれる。黒海という名の由来はわからないが、ローマ時代からそう呼ばれている。黒海は淡水を多く含むため、ほかの海よりも実際に色が濃いのかもしれない。現在、バルト海や北海、またなかでもノルウェーのフィヨルドの多くは、光を吸収する有機物で富栄養化し、色も濃い。気温の上昇がこの現象を促進する。あまりに海水の色が濃くなると、生態系は破壊され、クラゲが大発生する。(1)

海の本当の色は何色なのだろう。長年、つむじ曲がりな人々、なかでも芸術家らは、海は青いという一般的な見解に異論を唱えてきた。彼らは水を遠くから、ある条件のもとで見ると青いということはしぶしぶ認める。少なくとも日光が出ているときには。だが早朝には、海は真珠のような灰色だ。そして夕方、穏やかな天候ならば、海には血のように赤い夕日が映る。深さや海底の状況、塩分、藻類の育ち方、汚染、河川からの沈泥、空からの光によっても色を変える。そうした要因のさまざまな組み合わせがそれぞれちがう色の水を生みだす。かつて、北極海を渡った船の船長は、南から流れこむ水は北極海の緑色の水よりも青いことを知っていた。

いまヴェスト湾が緑色なのは、今年はじめてコッコリソフォアが繁茂しているからだ。それは単細胞の鞭毛虫《べんもうちゅう》の一種で、石灰岩をつくるプランクトンであり、鞭毛のような尾で前に進む。水一滴のなかに数千もの個体が発見されることもある。顕微鏡のなかで、この鞭毛虫の体はすかし細工を施した丸い小石のように見える。普通はこうした種類の藻類が大量発生するのはもっと遅い時季なのだが、このあたりの海は変化しているのだ。

陸上の多くの動物が草などの植物を食べるように、海に棲むほとんどの生命はプランクトンを食べる。プランクトンは、植物が陸上でしているのと同じことをする。つまり、炭素を大量に固定し、光合成によって酸素を生みだす。ある種の青緑色の藻類はきわめて生産性が高く、繁栄しており、この生物だけで地球上の二〇パーセントの酸素を生みだしていると考えられている。その存在は、一九九〇年代まで知られてもいなかった。プランクトンは、地球を生物が生きられる環境にするうえで大きな役割を果たしている。目に見えず、ほとんど知られていないこの生物から、人類ははかりしれない恩恵を受けているのだ。

かなり奇妙な形をしたプランクトンもいる。電子顕微鏡を使って撮影された写真を見れば、きっと目を疑うだろう。たとえば雪の結晶や月面着陸船、オルガンのパイプ、エッフェル塔、自由の女神像、通信衛星、花火、万華鏡を覗いた画像、歯ブラシ、空の買い物かご、開いたワッフル焼き器、氷の入ったワイングラス、ヒョウ柄のシャンパングラス、ギリシャの壺、エトルリアの彫刻〔訳注：前八～前一世紀ごろ、現在のイタリア・トスローナ地方で栄えたエトルリア人は彫刻など多くの美術作品を残した〕、自転車のかご、長い柄のついたたも網、キャブレター、羽毛、花、なかにイチゴが入ったスライムボール、ワイヤレスヘッドホン、ディスコボール、透明で溶けかけた教会の鐘、空飛ぶ絨毯、ライオンの歯、漁業用の網、シルクハット、掃除機、精子、脳、万年筆……プランクトンは世界に存在するあらゆるものと、さらにもうひとつ世界をつくれそうなほど多様な形をしている。バケツ一杯の澄んだきれいな海水のなかには、そうした無数の微生物と、コッコリスという殻で覆われた、石灰をつくる鞭毛虫が棲んでいる。
一〇億年前、襟鞭毛虫がコロニーを形成した。それは、最初の多細胞生物だったかもしれない。[2]
そうだとすると、彼らは今日生きているあらゆるものの祖先なのだ。われわれのすべての祖先は、当然ながら、海で生命が始まったときから数十億年分の連続した鎖でつながっている。ありえないような話だが、本当にそうなのだ。ただ普段はこうした観点から物事を見ないだけだ。それに、そんな必要もない。
進化は盲目に、時間という川を流れていく。その途中で消えていった敗者は顧みられることはない。

海にはたくさんの色がある。では、音はどうだろう。浜に寄せ、風雨にさらされた海岸の崖や岩に当たって砕ける波。それは陸から聞こえる海の音だ。海のなかはまたべつだ。海には独自の、それ自身が発する深い音がある。発情した海獣ベヒモスのうなりが。
世界中の人々が、あまり聞いた人のいないこの音について長いあいだ議論をしてきた。遠くで響くディーゼルエンジンのような、低い周波数の、振動するような音だ。その音を聞くと鼻血や頭痛、不眠になるとも言われる。これまで、電柱やケーブル、潜水艦、通信設備、または耳鳴り、UFOと交信している魚など、あらゆるものが原因と考えられてきた。その音が聞こえるという、たしかな分別を持つ数多くの人々の意見を受け、調査は何度も行われた。フランス国立科学研究センターの科学者たちは、その答えを発見したかもしれないと考えている(3)。長い海のうねりは海底の微細な動きを引きおこす。ある条件下では、長く大きな波は地面を揺らし、その震動が低い音波を生みだす。それが、ある人々の耳にははっきりと聞こえるのだ。

ボードーからスクローヴァへフェリーが着くと、いつもどおり夜遅い時間だ。だが暗い冬は終わり、光がもどってきている。これから二か月ほど、オーショル・ステーションに射す日はほとんど沈まない。秋と冬は、どうやらニシオンデンザメを釣ろうとする男ふたりにはよくない季節だったらしい。四度目で、なんとか成果を収めたい。

相変わらず、ヒューゴは時間配分がうまい。赤い家の仕事はかなり進み、メイン棟には、将来のイベントに備えてバスルームがふたつ設置されている。ヒューゴとメッテはスタイゲンから二頭のシェトランドポニー、ルナとヴェスレグロッパを連れてきた。いまはハットヴィカの方向にある小さな緑豊かな谷で草を食《は》んでいる。ヒューゴはタラ肝油製造所の解体にとりかかっている。かつてのオーショル・ステーションで使っていたオークの樽が積みあげられているが、その場所を冬場の厩舎《きゅうしゃ》にしようとしている。子供たちが家を出ていったのに、まだ二頭のポニーを飼っている理由はわからない。だが、ヒューゴとメッテはそもそも馬の飼育を子供たちと結びつけて考えていないのだ。そんなことを尋ねても、おかしな質問だと思われるだけだろう。

ヒューゴは、イムス島に打ち上げられたナガスクジラの死骸を見にいっていた。彼はクジラヒゲをふたつ、テーブルにぽんと投げる。軽く、繊維ガラスでできているかのようだ。それはクジラの口の先のなかから生えている長く硬い毛で、海水が流れ出るときにオキアミやプランクトンを捕まえる役割を果たす。だが、クジラヒゲなどまだかわいらしい。ヒューゴが欲しがっているのはクジラの頭蓋骨だ。どうすれば手に入るのかはわからないが、運ぶのに貨物船が必要になるかもしれない。

二階で、ヒューゴは制作中の作品をいくつか見せる。中性紙に鉛筆で描き、インド製のリサイクル・コットンペーパーを貼ったものだ。手触りが素晴らしく、灰色と黒の微妙な色調が出ている。漂うクジラのように見える飛行船など、認識できる物体も描かれている。ニシオンデンザメらしきものが水中で体の向きを変えている作品もある。

ヒューゴはスタイゲンのメンヒル、つまり立石をテーマにした作品も手がけている。その石はノルウェーでもっとも高いメンヒルで、一五〇〇年前から、エンゲル島のメッテとヒューゴの家から数キロのところに立っていた。だがある日、自治体による草刈りの最中に基盤が崩れ、石は倒れてしまった。もう修復はむずかしそうだが、ヒューゴはまだ諦めていない。

夕食はヒューゴがスタイゲンで釣ったオヒョウの揚げ物だ。食事中、彼は驚くべきイノベーションをわたしに見せる。メッテからプレゼントされた、深海釣り用の竿と日本製のギア付きの高性能リールだ。これからは、この道具を使うことになる。わたしは、バミューダ諸島の沖合で深海魚の漁師がバショウカジキやメカジキを釣るときに使う、ベルトとストラップのついたベストを持ってきた。

これまでの三五〇メートルの釣り糸は重く、深い桶のなかに手で巻いて収めなければならなかった。だがこれからは、最大一〇〇〇キロにもなるニシオンデンザメを釣りあげるのに、ほとんどミシン糸くらいの細さの糸を使う。この新しいテクノロジーには、蜘蛛の糸の性質が利用されている。頼りなく思われるかもしれないが、性能は折り紙つきだ。

30

翌朝、夜明けとともに深い灰色の靄が陸と海にかかっている。オーショル・ステーションは静けさに包まれている。あらゆる音は霧に吸収される。何か音がすると、それははっきりと意識される。音に対して、においに対するように敏感になっている。

海は霧に包まれ、麻痺しているかのようだ。音だけでなく、静けささえもが吸収される。それまで気にしたこともなかった、送風機か発電機の音が湾の対岸から聞こえてくる。

三時間後、靄は消える。乱層雲が灰色に低く垂れこめ、弱い黄色の光に輝いている。日光はまもなく現れるだろう。われわれは準備をして穏やかな海へ急ぎ、スクローヴァ灯台とフレサ島を通過する。今回の餌はご馳走だ。ハイランド種の牛以来、久々の高級品だ。冬に捕ったタラの肝を使う。バケツの表面にできている大量の純粋な肝油は、ヒューゴの絵の具になる。その底のほうに、ヌルヌルと光り、臭いのする茶色い沈殿物、グラックスが溜まっている。それはほぼ純粋な脂肪で、かつてヒューゴの祖父ら漁師たちがニシオンデンザメを捕まえるときに使っていたものだ。強烈な悪臭だが、ひたすら死の臭いがしていたハイランド種の牛よりは複雑な臭いだ。グラックスを絵の具の缶に詰める。その臭いは、海のなかでセイレーンの歌となって広がるだろう。

今回も陸の固定した地点を使って三角測量する。GPSも持ってきているが、ふたりともうまく使いこなせない。それから、一本のロープでつないだ絵の具の缶を海に投げる。蓋にいくつも穴が開いていて、中身はすぐに海底に出ていく。やがてニシオンデンザメのところへ届くだろう。

サメの世界を想像できるだろうか？　水と闇に囲まれている感覚を思い描けるだろうか？　サメはそれしか知らないのだから、意識はしていないだろう。われわれが体のまわりの空気を気にしないのと同じことだ。それはあって当然のものと思っている。暗く冷たい深海がサメの世界だ。そこでサメはゆっくり音を立てずに、まるで筋肉でできた機械のように動く。脂肪と血、肝臓には毒を含む。目玉を突き刺す細長い寄生動物がぶら下がっていて、目は見えない。サメが望むのは、生命と存在を維持していくことだけだ。喜びや悲しみ、あるいは痛みに類することを感じている可能性は低い。アザラシを飲みこみ、あるいはクジラの腐敗した死体に鼻先を突っこみながら、サメはあとひと月ほど生命を維持できることに満足しているだろう。それこそサメがこの世界で求めていることであり、生きるうえでの使命だ。つぎの餌にありつくまで生き延びること。サメにとってほかの生命とは、メスの卵が受精するときを除けば、ただ食べるものでしかない。受精のときでさえ、悦びや慈しみを感じている様子はない。子供は子宮のなかですでに大きな歯を持ち、はじめから肉食の捕食者として生まれる。きょうだいのなかでいちばん強いものがほかのものを食べ、外の世界へ出てくる。

小さなニシオンデンザメが生まれると、数百メートル上のほうにかすかに淡い灰色が見えるが、ほとんどそれを意識することはないだろう。彼らは黒く、静かな静寂の冷たさのなかで食べるものを探しはじめる。サメは、なぜ生まれてきたのかと問いはしない。すべての命は、生きつづける意志を持つよう設計されている。動物は、その冥界のような環境がどれほど荒涼としていても、自分で生命を絶つことはない。

だから、サメの身になって考えてみることなど馬鹿げたことなのだ。人間には荒涼とし、希望もない場所だと思えるかもしれないが、ひょっとしたらニシオンデンザメは、血管を通してまるで異質な音楽を聴いているかもしれない。サメは重さを感じることもなく、敵もいない、数千万年をかけて適応したその世界を悠然と泳いでいる。

サメにとって世界がどう感じられるかなど、われわれには想像もできない。

ご存じ、いつものパターンだ。撒き餌を投げ、実際に釣りをするのは翌日からになる。ヒューゴはモーターを切り、ボートはあてもなく漂う。ときどき話をするほかは、黙ってすわっている。沈黙が気詰まりに感じられることはない。それこそ、友情のこれ以上ない定義ではないだろうか。

三〇分後、かなり遠くまで漂流し、ロフォーテン諸島の端に達する。ロフォーテン・ポイントを過ぎると、数千年のあいだ漁師たちを恐れさせてきたモスクストラウメンの渦巻きがある。一〇〇〇年にわたり、そこは海のへそ、世界の井戸、底なしの食道、あるいは北欧神話で巨大な空虚への入口を意味するギンヌンガガップだった。中世の知識人は、モスクストラウメンは海水が吸いこまれ、勢いよく吐きだされる場所だと考えていた。水は地球の内部を通り、ほかの場所からも噴きだしているかもしれない。海は栄養を必要とすると海水を吸いこむのだろう。数世紀前の知識人たちはこう考えていた。潮の満ち引きは、それによって生じているのだろう。あらゆる風が出会い、混沌が生まれる場所、あまりに強い海流が風をかき消す場所、モスクストラウメンから地球の内部へ出入りする水によって。

オラウス・マグヌスは、モスクストラウメンを「恐ろしい大渦巻き《ホレンダ・カリブディス》」と呼んだ。それは座礁し浸水した船や、人間、動物など、近づいたあらゆるものを吸いこむ。モーラ出身の聖職者にして歴史家のヨナス・ラスムス（一六四九〜一七一八年）は、オデュッセウス自身がロフォーテンでモスクストラウメンに遭遇したと考えていた。ラスムスは、水が吸いこまれる恐ろしい轟音が崖のあいだに響き、巨大で強い渦巻きに巻きこまれた船はすべて海底に引きずりこまれると書いている。[4]一五九一年、デンマーク生まれのバイリフ・エリック・ハンセン・ショーネンボリは、荒れ狂う、凄まじいうなりで「陸と大地は揺れ、家は震える」と記している。一六八三年にハンブルクで作成された地図では、「モスコー・ストローム」は数百海里に広がる恐ろしい場所として描かれている。作家のエドガー・アラン・ポーの一八四一年の小説「メエルシュトレエムに呑まれて」はさらにすごい。地元の漁師が大勢乗った船が、ナイアガラの滝よりも大きな音で山をも揺らす渦に飲みこまれることが描かれる。[5]ネモ船長の驚異の潜水艦〈ノーチラス号〉〔訳注：ジュール・ヴェルヌの小説『海底二万里』などに登場する架空の潜水艦〕でさえ、この「どんな船も脱出することはできない渦」に立ち向かうことはできなかった。その渦は「船だけでなくクジラや、ホッキョクグマにさえも」確実な死を与える。[6]

31

前回ヒューゴと会ったあと、わたしはニシオンデンザメ研究の第一人者のひとりから話を聞いた。

もっとも、第一人者の座をそれほど大勢で争っているわけではないのだが。その人物とは、ノルウェー極地研究所のクリスティアン・リンダーセンだ。彼はこれまで、ニシオンデンザメのライフサイクルや生態についてさまざまな面から研究してきた。ヒューゴが聞きたがったので、覚えている話はすべて伝えた。遠く混乱した地への訪問からもどった誠実な外交官のような役回りだ。

リンダーセンらはスヴァールバル諸島〔訳注：ノルウェーの北、北極海にあるノルウェー領の島〕の西海岸でフィールドワークをしている。経験豊富な漁師から聞き取りをし、調査船〈ランス号〉で海に出て、サメ用の針を二八本つけた釣り糸を垂らした。オヒョウを釣るための普通のナイロンの糸を使い、針金をはりすとし、餌にはアゴヒゲアザラシの脂肪をつけた。釣り糸は深さ三〇〇メートルほどの海底まで下ろされた。

一回目で、三分の一の針にニシオンデンザメがかかった。あっという間に四五頭が釣れた。餌や遺伝、汚染について調べるには充分な数だ。なかには頭部だけになったサメもいた。針にかかった無防備な状態で、体をほかのサメに食べられてしまったためだ。甲板までちゃんと体ごと揚げられたサメの胃のなかには、ワモンアザラシ、アゴヒゲアザラシ、ズキンアザラシ、さらにはミンククジラ、タラ、オオカミウオ、コダラなどの魚が入っていた。四キロ以上のタラと、その二倍の重さのオオカミウオを同時に飲みこんでいた。

ニシオンデンザメがクジラを殺したとはとても考えられない。だが、リンダーセンはミンククジラの脂肪がそこにある理由を明らかにした。ノルウェーの船で捕獲されるミンククジラは、すべて遺伝子サンプルが採取されている。だが脂肪は売れないため、海に投げ捨てられる。海底に落ちたものを食べるのがサメだというわけだ。

では、アザラシはどうやって捕まえるのだろう。リンダーセンらが発見したのは、ヒューゴがすでに考えていたことだった。サメの胃のなかに入っていたアザラシの量は、死肉だけを食べているにしては多すぎる。アザラシは、生きたまま食べられている。だが、どうやって？　彼らはサメのうち何頭かにセンサーをつけて海にもどした。追跡調査の結果、やはりニシオンデンザメはアザラシやほかの魚よりも泳ぐ速度は遅かった。急にスピードが上がるといったことを示すデータもない。つまり通常の狩りのやり方では、自分よりも速い獲物を捕まえられないということだ。答えは、ワモンアザラシやゼニガタアザラシ、アゴヒゲアザラシ、ズキンアザラシが高度に進化した動物だという点にある。多くの場合それは有利に働くが、ひとつ大きな欠点があった。睡眠時間が長くて深く、しかもその際に目を閉じ、脳の両半球を同時に停止させる（全球睡眠を行う）ことだ[7]。アザラシは海底に横たわり、夢を見る。魚の群れや交配相手、遊びや仲間たちの夢だろうか。どんな夢なのか気になるところだが、氷の上や海底で眠るアザラシの睡眠はとても深く、船の上に引きあげても気づかないほどだ。氷上では、いつホッキョクグマに襲われるかわからない。だから海底のほうが安全だと感じ、より短く、浅い睡眠をとる。だがそこも、やはり安全ではない。黒い、葉巻の形をした影が、餌を求めてゆっくりと忍びよってくる。ロレンチーニ器官を用い、生命から出される電流を粘り強く丁寧に探りながら。眠っているアザラシはたやすく捕まってしまう。

ニシオンデンザメはあわてることなく、二列の尖った歯で攻撃する。アザラシが気づいたときには、すでにサメの恐ろしい顎に捉えられており、まもなく嚙み殺される。そのときには夢から引きもどされ、この最期の短い悪夢によるショックと恐怖で麻痺しているかもしれない。わたしはふと、ドイツの映画監督ヴェルナー・ヘルツォークの言葉を思いだした。「海のなかでの生活は、まさに地獄だ。その地獄は広く無慈悲で、危険がいつどこから襲ってくるかわからない。その恐ろしさから逃れようと、人間の祖先になるものも含め、進化の過程でいくつかの種は地上へと這いだしたのだが、そこでもやはり、暗闇の教訓は変わらなかった(8)」

「くだらない」とヒューゴは言う。そして、海をそんなふうに考えるとは、きっと暗くて惨めな奴にちがいない、とつけたす。

「ニシオンデンザメの狩りのしかたを考えれば、わからなくもない」とわたしは答える。

リンダーセンのグループは、高性能の発信器によってニシオンデンザメの放浪について多くのことを発見した。送信機をつけたのはスヴァールバル諸島の西で、最長で二〇〇日間追跡することが可能だった。グリーンランド付近に現れたものもいれば、バレンツ海南部のロシアの領海に向かったものもいた。消えてしまったものも多かった。おそらく、氷河の下を通過したとき、背中につけた発信器が外れてしまったのだろう。五九日間で一〇〇〇キロも移動したものもいた。泳ぐ速度を考えれば、驚くべき距離だ。普段泳いでいるのは、水深五〇メートルから二〇〇メートルという比較的浅い場所だ。だが一頭は、受信可能な限界である一五六〇メートルの深さ、そしておそらくはそれよりも深くまで降りていった。リンダーセンらはさらに、大西洋からベーリング海峡を通って太平洋へ到達する個体もいることを発見した。

ニシオンデンザメの肝臓と脂肪の調査によってわかったのは、北半球で蓄積され、生態系のなかを循環している非常に毒性の強い有害物質は、北極圏に集まり、それがニシオンデンザメなど北極圏の動物の体内に蓄積しているということだった。そのなかには、生物の性を転換させる毒物もある。繁殖能力を奪い、ガンなどの病気を引きおこすものもある。ニシオンデンザメには、有毒な廃棄物とみなされるほど汚染されているホッキョクグマの死体以上に高濃度の毒物が溜まっていた。


何度もしてきたように、われわれはヴェスト湾にゴムボートを浮かべている。はるか海底には森や谷、山々、岩石、砂漠、平原などでできた未知の景色が広がっている海の上を漂っている。明るく穏やかな日で、魚の鱗《うろこ》のようなさざ波が輝いている。こうして漂っているときにはたいてい船は近くにいないのだが、ときどきプラスティック製の小型ボートが釣りに出ていることもある。晴れていれば、操舵室に照明をつけた貨物船が、一〇キロほど離れた航路を通って音もなくヴェスト湾に出入りするのが見える。レジャー用の船は一度も見たことがなかったのだが、いま、一隻のRIBがこちらに近づいてくる。水上飛行機のようにまっすぐに。ヒューゴとわたしは目を見交わす。その状況に、フラグスンデ海峡から、エンゲル島と大陸のあいだを抜けて海へ出たときのことを思いだす。

それは晴れて海も穏やかな夏の夜のことで、白夜で明るかった。海の上にはほかの船はなく、ヒューゴは一四フィートのボートを全速力で走らせ、予定していた釣り場に向かっていた。わたしがすわっている舳先の前方に、ヒューゴはモーターボートを見たように思った。だが見直しても、穏やかな海面しかない。よく確認し、ふたたびボートを発進させた。わたしはヒューゴと向き合い、進行方向を見ていなかった。一〇分ほどのち、ヒューゴは急に顔をゆがめ、体を九〇度回して船外機の舵に手を伸ばすと、それを強く引いた。ボートは突然左に向きを変え、その反動で右舷側へ投げだされたわたしは必死で何かにしがみついた。スローモーションのように動くなか、一〇〇分の一秒後、恐怖に顔を歪めたふたりの男が目の前を過ぎた。握手ができそうほどの近さだ。その小型ボートの脇をどうにかすり抜けると、彼らは立ちあがったが、側面から波を受け、海へ投げだされそうになった。

二人組が海へ出ていたのはわれわれと同じ理由だった。釣りを口実にして、完璧な夏の夜に海に浮かんでいるため。一〇分のあいだ、彼らはわれわれが近づいてくるのを見ていた。そして近づくにつれ徐々に不安が高まり、いつになったら避けるんだと目くばせをしあった。自分たちのことは見えているはずだと気持ちを落ち着かせただろう。見えていないわけがない。

もし小型ボートどうしがフィヨルドの真ん中で、視界を遮るものも風もない状況でぶつかっていたら、ここ数十年に海沿いで起きたもっとも馬鹿馬鹿しい事故になっていただろう。四人全員が死亡し、警察は故意の衝突を疑って調査したはずだ。

そんな話でひとしきり笑ったあと、わたしはヒューゴに言った。「ボートとボートがこんなふうに事故で衝突する可能性はどれくらいだろう？　ゼロかな」

「そんなことはないだろう」とヒューゴは答えた。「あれは航路上だった。幅は狭いし、浅瀬にも近い。見落としていたんだから、ぶつかった可能性はそれほど小さくない」

わずか数メートルのところで突然、ヒューゴはわたしの頭越しにパニックになってまるでパペットショーのように右往左往する二人組の姿を見つけたのだった。それからひとりが我に帰ってモーターを発進させようとした。

翌日、われわれは二人組とスタイガーハイムでのコンサートで出くわした。ひとりがヒューゴのところへ怒ったような表情でやってきて、あれはなんの真似だと訊いた。あやうく海に落ちるところだった。しかも救命胴衣も着ていなかったんだぞ、と。「おれたちは着ていた」と、ヒューゴは答えた。そして、海では救命胴衣を着ることが義務づけられている、とそっけなく言った。

いま猛スピードで近づいてきたＲＩＢは、かなり余裕を持って向きを変え、島の向こうへ遠ざかっていった。


いつもどおり、強い海流がわれわれを遠くまで運ぶ。ヒューゴはモーターを回し、今晩食べる魚を釣るために岸に近づく。その途中で新しい言葉をいくつか教わる。ヒューゴが正面の岸を指さす。そこから岬がこちらに向いて伸びていて、その先で海の下へ沈んでいる。こういう岬のことは〝スナッグ〟というんだ、とヒューゴが言う。漁師たちには、さまざまな海底の状況や、それに月の暈《かさ》の表情などを表す豊富な語彙がまだ残っている。

海岸の地形はそのまま海中につながっている。もし海から水を抜いてしまえば、そのことはよりはっきりするだろう。とはいえ、水をどこに移せばいいのだろう？　ふと古代ギリシャの話を思いだす。たしかこんな話だ。年老いた王が賭けをした。負けた者は、海の水を空っぽにしなければならない。王は賭けに負け、やがて勝者がやってきて、いつ海の水を空にするのかと尋ねた。王は、運のいい勝者があらゆる川から海に注ぎこむ水を止めるのを待っているのだと答えた。それは敗者がやるべきことには入っていない、と。

スナッグの近くにはたくさんの魚がいる。数分後には、〝ケルプ・コッド〟が二匹釣れた。タラの仲間で、季節を問わず泳いでいる。赤や黄色、茶色の昆布《ケルプ》の森のなかで捕食者に見つからないように、濃い赤色の体をしている。

今日のような日には、ヴェスト湾は清らかな楽園のように思える。だがそれは真実からはほど遠い。ここは外洋で、海流が強いため何かの破片が漂っていることはあまりないものの、いまも目の前に捨てられたプラスティック製品が浮かんでいる。沿岸の集落から出たものかもしれないし、どこか遠くの海岸から流れてきたものかもしれない。世界の海はつながっているのだ。

二〇年前、中国からアメリカに向かうコンテナ船が太平洋で冬の嵐に遭遇した。いくつかのコンテナが海に落ちて開き、中身がこぼれた。それ以来、青いカメや緑のカエル、黄色いアヒルなど、二万八八〇〇個のプラスティック製のお風呂の玩具が海流に乗り、地球上を巡っている。ある作家は、世界中に散った黄色いアヒルを追い、さらにそれらが製造された中国の工場へも訪れた。そして、『モビー・ダック（*Moby-Duck*）』という題名の本ができた。(9)

プラスティック製品であるため、そのアヒルは細かい破片にならないかぎり沈まない。プラスティックと、そこに含まれる多くの毒は、数千年は破壊されずに残る。合成繊維を洗うときに洗濯機から排出されるものもある。海流によって、特定の場所にプラスティックが集まって巨大な島のようになり、それが渦を巻いて回っている場所があるほどだ。太平洋にあるそうした渦巻きのような島のひとつは、テキサス州の面積の半分〔訳注：テキサス州の面積は約七〇万平方キロメートル〕ほどもあるという。バレンツ海にもその島は存在する。そこでは、カニの胃のなかにもプラスティックが入っている。分解されて微細な分子になったプラスティックは、プランクトンや海底に棲む動物に食べられる。

つまりこれは、黄色いアヒルが海という大きなバスタブに浮かんで世界中を回る、という呑気《のんき》な話ではすまないということだ。調査によると、ノルウェーの海鳥の九割がプラスティックを体内に持っている。それは消化されず、栄養を吸収するのを妨げる。毎年、プラスティックごみのせいで、一〇〇万羽以上の海鳥と一〇万の海の哺乳類が死んでいる。

口を開けて泳いでいるタラもまた、体内にプラスティックを蓄積しているだろう。地中海では、ときどき若いマッコウクジラの遺体が岸に上がるのだが、原因がよくわからないことがある。そうしたもののうち一頭を解剖したところ、胃のなかから七〇キロもの非分解性プラスティックが出てきた。死因はおそらく、スペイン南部にある大量の温室で使われていた大きなプラスティックシートだろう。[10]

ここノルウェーでも、われわれは海を痛めつけている。フィヨルドでは魚の養殖場から有害物質が垂れ流されている。トロール船は鉄製の底引き網を引きずり、海底を荒らしている。最近まで、珊瑚礁は熱帯の比較的浅い海にのみあると考えられてきたが、実はノルウェーの海岸には数多くの珊瑚礁がある。

ロフォーテン沖、ロスト島付近のものは、これまでに見つかった深海の珊瑚礁のなかで最大だ。長さ四〇キロ、幅三キロで、大陸棚の外側で深さが三〇〇メートル以上の、起伏の多い場所にある。ニシオンデンザメは脊椎動物のなかでは圧倒的な寿命の長さを誇るが、地球上でもっとも長生きする生物は珊瑚だ。ロスト島の近くで見つかった深海珊瑚は、八五〇〇歳と推定されている。ほんの数世紀前に、地球の年齢と考えられていた年数をはるかに上回る。珊瑚礁のまわりには生き物がたくさんいることを、漁師たちは知っていた。多くの魚や海底の動物が、最大五メートルにまで成長する赤やピンク色のバブルガム・サンゴ（*Paragorgia arborea*）の森で食べ物や隠れ場所を見つける。ところが、トロール船が鉄製の底引き網で海底を引きずると、珊瑚はわずか数秒のうちに破壊されてしまう。珊瑚にかかった網を回収することは不可能ではないが、それは一度しかできない。

その色鮮やかな生物たちの産卵場所は陶器のように壊れやすい。珊瑚礁が破壊されると、もとの規模にもどるには数千年の時間がかかる。まさに目先のことしか考えていない行為だ。それは果実や木の実を採るために、果樹園の木をすべて根から切り倒すことに等しい。
たしかに今日、ノルウェー沖の大型の珊瑚礁のいくつかは保護されている。しかしまだ地図に載っていない珊瑚礁も多く、しかもノルウェーの海岸やバレンツ海で新たなものがつぎつぎに発見されている。保護されるまえに、その多くがトロール船によって損なわれ、破壊された珊瑚の森の残骸がまき散らされるだろう。石油会社にはこれまでも保護された珊瑚礁の近くで海底を掘削する許可が与えられてきたし、それは今後も変わらないだろう。

人の手による破壊は続く。スクローヴァの沖合だけでなく多くの場所で、トロール網で昆布が捕られている。これは科学者の提言に反しており、沿岸の漁師の反対を押しきって行われている。小型の魚は昆布の森で産卵し、われわれが捕まえたケルプ・コッドなど、多くの種がそこに生息している。それでも政府は、昆布業者の利益のためにこの貴重で壊れやすい生態系の破壊を認めているのだ。[11] 昆布は大きなグラップル・バケット〔訳注：物をつかむための大型の建設機器〕で引き抜かれる。それは一〇億クローネ規模の産業だ。一艘の船が、最大で一日に三〇〇トンの昆布を収穫することができる。

ヴェスト湾で理想的な一日を過ごしたあとで、ヒューゴにしてもわたしにしても、そんなことを考えたいとは思わない。ケルプ・コッドを食べ、日の当たる壁にもたれてすわる。ヘニングスヴァーやカベルヴォーグ、スヴォルヴェルからきた大型のＲＩＢがオーショル・ステーションの前を定期的に過ぎていく。乗客は観光客だ。

彼らの目当ては、風景の独特の美しさだ。遠路はるばる、安くない料金を負担し、この壮観を自分の目で見るためにきている。海からまっすぐに突きでた山頂。夏も冬も、絶え間なく変化する光。白い砂浜。帽子の縁のような狭い土地の淡い緑と、その背後の切りたった山々に、小さな氷河。海の豊かな生命。そして昔ながらの文化的景観。ロフォーテン諸島の豊富な魅力を思えば、世界でもっとも美しい島々と海外旅行ガイドに書かれるのもうなずける。

だがそうした称賛は当然のものではない。人の美的感覚は時代とともに変わる。それはロフォーテンに関する古い記述にも表れている。

エイズヴォルでの最初の議会〔訳注：一八一四年に開かれ、ノルウェー憲法が調印された〕で議員を務め、のちにブスケルー県知事になるグスタフ・ピーター・ブロム地方判事は、一八二七年にノルウェー北部への旅に出た。そしてその後、自分の印象や経験を『北部からラップランド経由で、ストックホルムに至る一八二七年の旅に関する覚え書き（*Bemærkninger paa en Reise i Nordlandene og igjennem Lapland til Stockholm i Aaret*）』にまとめた。ブロムはロフォーテンの自然を、つまらないどころか無価値なものだと考えていた。彼の意見では、ヘルゲランの海岸は醜悪だが、ロフォーテンのひどさは最低で、延々と続く同じ光景には自然の美など想像すらできない。「そそり立つ崖がそのまま海に沈み、堅固な家を建てられる場所は少ない……こうした場所は、どこにも美の要素はないが、とりわけ見るに堪えないのはフラクスタッド地区の海峡沿いだ。狭い港の近くの岩が露出した崖の脇で、岩礁と島によってほかの場所から切り離されており、家屋を建てる余地はほとんどない。そして霞の上には険しい山が、家々も港も押しつぶさんばかりに迫っている[12]」。

わたしが目もくらむほどの美しさを感じる場所に、ブロムはなんの魅力もない、不気味で不毛な、荒涼とした風景を見ている。ロフォーテン諸島の東側の海岸、つまりヒューゴとわたしがいまいる場所のことを、ブロムは醜いと書いている。だが彼にとってさらに見苦しかったのは、ロフォーテン諸島の西側だった。そこで吹く風は不穏で、自然はとりわけ不気味だった。

ブロムはおそらくスクローヴァを訪れただろう。ロフォーテンの最高峰ヴォーガカレン山と、ストレモーラ島のブレッテスネスの町について述べている。スクローヴァはそれらのほぼ真ん中にある。スクローヴァ灯台の近くから、霧や雪でなければ標高九四二メートルのヴォーガカレン山が見える。ブロムはこの山について「帽子をかぶり、帆を抱えた老漁師のようで、名前もそこからきている（ノルウェー語で〝カレン〟は〝変わり者の老人〟を意味する）」と書いている。その反対、北東の方角にはリレモーラ島とストレモーラ島がある。山の高さは半分ほどだが、近いため、より存在感がある。

ブロムとは異なり、ドイツの皇帝ヴィルヘルム二世はノルウェーのフィヨルドと海岸線、とりわけロフォーテン諸島の自然の美に魅了されていた。彼はヨットなどの船に乗った側近たちを引きつれ、北の地で見られる、有名な紫色の空を目にすることを望んだ。「その海に漂う黄金には、アルプス山脈や熱帯、エジプトやアンデス山脈でも敵わない[13]」

一八八八年にベルリンで一枚の絵を見たヴィルヘルム二世は、ロフォーテン諸島を訪れることにした。それは写真をもとに製作された横幅一一五メートルのパノラマだった。写真はストレモーラ島の北側のディゲルムーレンの集落から撮影された。いま同じ場所で撮影したら、われわれの小さなボートも写るかもしれない。

皇帝のお気に入りの画家は、ベルリンでロフォーテン諸島を描いた、ノルウェー人のアイレルト・アデルスティーン・ノーマン（一八四八～一九一八年）だった。クリスチャン・クローグとは異なり、彼はロフォーテンの雄大な美しさを、とりわけ白夜の「漂う黄金」を描きだすことに成功した。またラース・ヘルテルヴィクのように光の洪水のせいで正気を失うこともなかった。ロフォーテンを描くには、地元育ちであることが望ましい。一九世紀後半から二〇世紀前半にかけて、ロフォーテンを写実的に描いた画家たちは、みな地元の出身だった。ノーマンはヴェスト湾の南の入口に近いヴォーグ島の生まれで、グンナー・ベルグ（一八六三～一八九三年）はハルフダン・ハウゲと同じくスヴォルヴェルのスヴィノーヤの出身だ。オーレ・ユール（一八五二～一九二七年）はヘニングスヴァーに近いディプフィヨルド、アイナー・ベルガー（一八九〇～一九六一年）はトロムスのライノーヤで生まれている。

子供のころ、ヒューゴはときどきスヴィノーヤのハルフダン・ハウゲのスタジオの窓に雪玉を投げていた。ハウゲはエレガントな老人だった。ノーマンはヒューゴの曾祖父のいとこだ。

ヒューゴは彼らとはちがって抽象画家だが、伝統には深い敬意を抱いている。

ロフォーテン・ウォールは黒いサメの歯の連なりのようだ。数億年のあいだ、海はこの障壁に波を打ちつけてきたが、びくともしなかった。ロフォーテン・ウォールには、海の力もおよばない。遠くからだと石でできた強固な砦のように見えるが、実際に多くの点でまさに砦に似ている。ロフォーテン・ウォールを形成する岩は三〇億年前にできたものだ。山並みができたのはもっとのちになるが、山頂をなす岩には、それだけの歳月を経たものが含まれている。

いつもどおり、わたしは何冊かの本を持ってきている。今回は地学と、地球の歴史に関する本だ。ヒューゴが、まもなく電気や水道も使えるようになる赤い家の大工仕事の続きをしにいくと、わたしは残って本を読む。

一冊は地球の年齢、というより、われわれがそれについてどう考えてきたかに関する歴史書だ。一六五〇年に、アイルランドの司教ジェームズ・アッシャーは、神は紀元前四〇〇四年一〇月二二日の土曜日に世界を創造したと計算した。時刻はおよそ夜の六時ごろだったという。アッシャーの説は広く読まれ、信じられた。彼の理論の基礎となったのは聖書の年代で、そうした研究はそれ以前からあり、それ以後もつづけられた。今日では一笑に付されるかもしれないが、当時はそれ以前に地球が存在したなどと誰も想像していなかった。

その後数世紀のうちに、この計算がまったく現実に合わないということを示す証拠が大量に出てきた。数多くの海の動物の化石が海のはるか遠くから、ときには山頂やパリの真下の土壌から出てきた。それは、はるか昔にその場所が海に沈んでいたことを意味する。それらの奇妙な生き物には、いったい何が起こったのだろう。どうやら、その多くは絶滅してしまったらしい。

イギリスの天文学者で、ハレー彗星の名のもとになったエドモンド・ハレーのように鋭敏な知性の持ち主は、地球の年齢を、川が海まで運ぶ塩の量から計算しようとした。海が現在のように塩分を含むようになるには、数千年どころではない時間がかかるはずだった。

一八世紀、哲学者やナチュラリストたちは、地球の年齢は少なく見積もっても数万年になることに気づいた。多くの者は教会の怒りを恐れてこの見解を自分の胸にしまっていたが、アッシャーの計算が誤った考えを人々に植えつけていることは明らかだった。地学が徐々に科学として確立されると、地球は聖書に書かれているよりもはるかに古いのだということを多くの人々が理解しはじめた。堆積物や浸食された山地、火山の研究によって、そのことはさらに疑う余地がなくなった。はるか以前、北アメリカは熱帯で、インドは氷で覆われていた。地球上の多くの場所が、少なくとも一回は海水のなかに沈んでいた時期があった。それは否定できないことなのだが、それをどう解釈すればよいのだろう。山頂で貝や魚の化石が見つかることは、当初考えられていたよりもはるかに昔ではあるものの、聖書に書かれた大洪水の証拠ではないだろうか。それとも、神が自分の気に入らない種を絶滅させることの証拠なのか。

化石を集めることが流行し、熱心なアマチュア収集家も現れた。マンモスや恐竜、大型の海棲爬虫類などの絶滅した種も発見された。さらには三葉虫やアンモナイト、渦巻き状の雄羊の角のような殻を持ち、絶滅するまえには三万から四万の種が存在した頭足類（現在のタコやイカ）の仲間なども。異様な形をした歯の化石も見つかり、人々を不安にさせた。サメの歯のようだが、それよりはるかに巨大なものもあった。巨大ザメなどの先史時代の生き物は、生きている化石としてまだ深海にいるかもしれない。

長いあいだ、地球の年齢は哲学的、神学的な議論の題材だった。だが一九世紀には、地球はかつて考えられていたよりもはるかに古いという見解が広まった。とすると、地球の歴史のほとんどが、人類が存在するまえに繰り広げられていたことになる。これは宗教的な世界観を大きく変換することになるため、簡単には受けいれられなかった。もう、地球は数千年前に六日間で創造されたとは考えられない。人類が登場するのはかなりあとになってからのことで、それ以前にほかの種が何億、あるいは何十億年も存在していたということが明らかになってきた。[14]

われわれは、地球の地形や大陸のある場所は変わらないと考えがちだ。だが地質学的な見地からは、それは真実にはほど遠い。ロフォーテン諸島も、それを示すたくさんの証拠のひとつだ。一〇億年前、のちにスカンディナヴィア半島となる大陸は南極の近くにあった。より正確には、当時南極が存在した場所にあった。というのは、これまでに何度か、極が移動し、南極と北極が入れ替わっているからだ。

スカンディアンビア半島は、かつて存在したロディィニア大陸の一部だった。それは数億年後に多数の小さな大陸へと分裂した。そのうちのひとつはバルティカ大陸と呼ばれている。それは数百万年後、ローレンシア大陸（現在の北アメリカとグリーンランド）とつながり、ユーラメリカ大陸となる。それらが近づいていって、衝突したとき、両側に山脈が形成された。ローレンシア大陸とバルティカ大陸はふたたび離れ、その過程で新しい海が生まれた。これは、一度ではなく二度起こった。

さらにそれは続いた。三億年前、地球上のすべての大陸はひとつになり、パンゲア大陸を形成した。ところがその二億年後には、パンゲア大陸もまた分裂した。一六世紀末、フランドルの地図制作者、地理学者であるアブラハム・オルテリウスは驚くべきことに気づいた。南アメリカの海岸線をアフリカの西海岸のほうへ動かすと、まるでパズルのピースのようにぴったりとはまるのだ。だが一九一二年に、ドイツ人の極地研究者、地球物理学者アルフレート・ヴェーゲナーの画期的な大陸移動説が発表されるまで、パンゲア大陸の存在はかなり疑わしいとみなされていた。

地球の内部で溶解した岩があふれだし、固まって太古の海の上に出現し、新しい土地をつくった。大陸は岸から離れた船のように地球の地殻の上を移動した。氷期は、それらを地表近くで結合させた。地球のプレートは離れ、ぶつかりあい、場所を変え、さまよった。ほかの大陸との関係で多くの副産物が生まれた。

ヴェスト湾《フィヨルド》は古典的なフィヨルドではない。堆積物でできた窪地だ。われわれの下には、何キロもの厚さの柔らかい堆積岩がある。(15) スカンディナビア半島が厚さ数キロの氷に覆われていた最後の氷期のあいだに、ロフォーテン・ウォールの山頂のいくつかは、〝ヌナタック〟という、氷河の上に突きでた丘をなしていた。氷河が南へ移動したのは、この丘の壁面があったためだ。

ロフォーテン・ウォールの一部は地球でもっとも古い、硬い岩からなる。それができたのは、最初の単細胞生物が海のなかで生まれたのと同じころだ。だがロフォーテン・ウォールのそのほかの部分は、ローレンシア大陸とバルティカ大陸が衝突したときにできたものだ。数百万年をかけて、ふたつの大陸はぶつかりあった。エレベーターの扉が閉じるように両側から合わさり、だがそこで止まらずにたがいを押しあい、その衝撃で地面がせり上がって山ができた。

ヒマラヤ、アンデス、ロッキー、アルプスなどの山脈、そしてロフォーテン諸島やヴェステローデン諸島、センジャ島などのぎざぎざの海岸線は、このようにして形成された。

ところで、われわれの土地をはじめてスカンディナヴィア（スカーディナウィア）と呼んだのは、ローマの著述家、博物学者の大プリニウス（紀元二三～七九年）だ。その言葉は、分断され、危険で傷みを負った海岸を意味していた。巨大な氷河は、土地を削りとり、フィヨルドや小島、群島がある現在のような地形をつくった。そのようにして、ロフォーテン諸島のほとんど比類ない美しさが生まれた。もちろん、それは見る者の目しだいなのだが。

ロフォーテン・ウォールでさえ、永遠不変ではない。それでも、永遠にもっとも近いものと言うことはできるだろう。

32

夕べの心地よさに、ヴェスト湾へ出ることにする。山が海面に映っている。この数か月なかったことだ、とヒューゴは言う。わたしが北にくると、いつもすばらしい天候に恵まれるらしい。もちろんそんなはずはないが、知り合いに風を操る人々の末裔《まつえい》がいて、なかには気候を変える仕事をつづけている人もいるんだ、と答えると、ヒューゴは笑う。

「信じていないようだね。魔法のやり方も教わったんだ。まあ、好きなように思えばいい」

魚に聞かれてはまずいとでもいうように、声をひそめて話している。この日はずっと、そう思わせるほどの静けさだ。だが、西のほうに何かが見える。それはつねに遠くの空や雲、風、そして海にある、忙しない不穏な動きだ。それが見えるのは、遠くにあるからだ。そのなかにいると、視界は完全にゼロになる。

頭上にかかる灰色の雲を影が横切る。光が色のついたガラス瓶の底を通り抜けたように屈折する。まもなく東から暗闇が広がり、この惑星で最大の放浪が始まる時刻になる。夜ごと、オキアミやさまざまなプランクトン、イカなど、無数の小さな生物が、深海から栄養の豊富な海面近くへと昇ってくるのだ。そして夜明けには暗い海の底へもどっていく。

快適なヴェスト湾が半日も続いたのは、この季節には珍しい。だがここでは、天候はすぐに変わる。夕方、潮が満ちるとき、強い風が水を連れてくる。ものの数分で、ヴェスト湾は〝ポッペル〟で満たされる。それは漁師の言葉で、たがいに逆方向から向かってくる海流と風がつくる鋭い波を意味する。

もどらなくてはならない。だがヒューゴはまたべつの話を始める。一九七〇年代、ドイツから帰国したあと、ヒューゴはトロムソを拠点にした〝ニット・ブロッド（新しい血）〟というバンドで演奏していた。プログレッシヴ・ロックの雰囲気とかなり派手なステージで人気があった。あるとき、トロムソでのコンサートはヴォーカルが裸で十字架からぶら下がった状態で始まることになっていた。

「それだけじゃない。幕が開くときにはステージは煙で包まれていて、ヴォーカルは煙が晴れるにつれて少しずつ姿が見えてくる予定だったんだ。ところが、スモークマシンのせいで電気がショートして、バンドは演奏すらできず、ヴォーカルは数百人の観衆の前で何もできずに宙づりになった。しまいにはあいつは大声を上げたよ。『ぼさっとつったたってるんじゃねえ。おれをこの十字架から降ろせ！』ってね」

ちなみに、このバンドはいつもオースゴルド精神病院で練習していた。

ヒューゴはひとつうなずくとモーターのエンジンをかけるが、やがて調子がおかしいことに気づく。修理からもどってきた船外機に、以前のようなパワーがないのだ。音も小さいうえ、ヒューゴがすわっている艫に焼けるような臭いが漂ってくる。どうやら修理がうまくいかなかったようだ。なんとかスクローヴァへ帰り着いたが、モーターをまた島外のショップへ持ちこまなければならない。これはイライラさせられるし、実際にも困りものだ。これから何日か連続でニシオンデンザメを釣るための準備がすでにでき、しかも条件も整っているというのに。

それでも、焦りはない。帰りの飛行機のチケットはまだ買っていないし、ここにくるまで、はるかにひどい場所に足止めされていたからだ。しかも船外機さえ直れば、ヴェスト湾のどこからでもニシオンデンザメをおびき寄せられるほどのグラックスもある。

33

それから何日か、気候は腹立たしいほど落ち着き、海は穏やかだった。だがどうにかそうした状況と、オーショル・ステーションと島のリズムに慣れていく。島は現実であり、同時に自らの隠喩である、とドイツ人作家ユーディット・シャランスキーは『奇妙な孤島の物語』(河出書房新社)で書いている。わたしは、スクローヴァのような小島にくると、いつも不思議なほど解放感を味わう。人生のリズムが変わり、いつもの慌ただしさは遠く、つまらないものに感じられる。

島は小さな世界であり、地理的に狭く区切られ、意識を向けるべき人や物語の数も少ないため、知り尽くすこともむずかしくない。人生は単純になり、体がバランス感覚を取りもどす。ダニエル・デフォーは、ロビンソン・クルーソーの無人島での生活をそのように描いた。彼は自分ひとりで状況に対処し、文明のさまざまな局面を経験した。まず狩猟採集生活から始め、やがて農業を行い、家畜を育て、それから建築もし、奴隷の生活や戦争も経験した。そしてしだいに高度なテクノロジーを手に入れた。ついには資本家の局面にまで到達し、バランスシートをつけ、世界を効率的に利用するようになった。

島にいることで、クルーソーは本来の自分を知り、思索的になった。島での孤独を存分に楽しむことができた。何ひとつ足りないものはなかった。希ガスの原子のようにほかのものと結びつかずに自由に動きまわり、自らの王国の王や皇帝であるように感じた。だが、人間からは切り離され、自分の孤独を神に与えられた罰だと感じることもあった。オウムに話しかけられたとき、彼は心の平衡を失う。「かわいそうなロビンソン・クルーソー。きみはどこにいるんだい?　きみはどこからきたんだい?」　そして、砂浜に他人の足跡を発見し、恐怖を覚える。

島は天国にも、監獄にもなる。島では何もかもがすばらしく、大陸のような混沌や混乱から免れていると、つい思いこんでしまう。だが、すぐに残してきた人や物が恋しくなる。孤独感が島のいたるところに浸《し》みこむ。王や皇帝のような気分は消えてしまう。むしろ、水にまわりを囲まれ、幽閉されているように感じられる。やがて秋がきて、暗闇と静けさがあたりを包む。自然から離れて、人のいる街にもどりたくなる。「だが、島の静けさは無だ。誰もそのことを話さないし、覚えてもいなければ、名づけもしない。どれほど強い影響を受けたとしても。それは生きながらにして死を垣間見ることだ(16)」

世界に背を向けて、島を心の拠り所にする人もいる。そこは何も邪魔するもののないユートピアであり、自分の存在だけが満ち、他者への憧れを感じることもない。ある人々は、そのことに心を奪われて自分を変え、内面のみの生活を始める。ところが自分の存在が小さすぎるのか、島が大きすぎるのか、そのような幸福はやがて終わってしまう。D・H・ロレンスが、いまではあまり読まれなくなってしまった『島を愛した男』(健文社)で書いたのはそうした経験だ。

大西洋には数多くの神話の島々がある。それは、地図制作者や詩人の想像のなかにしか存在しない場所だ。一二世紀、アラブ人の地理学者アル゠イドリーシーは、大西洋には二万七〇〇〇の島があると書いた。ところが実際には数十しかない。存在しない島への探検が幾度となく行われ、その存在を主張する船乗りによってこと細かに描写されたが、その空想を裏づけるものは何もなかった。だがその描写の鮮やかさに、海の男たちはやがて、それが本当に存在すると信じるようになった。そして、まだ描かれていない島の細部をさらなる空想で埋めていった。

引き潮のとき、海岸に沿って散歩する。多くの人と同じように、わたしも潮間帯には子供のころに遊んだ懐かしい思い出がある。海と陸のあいだの空間で過ごすのは心地よい。砂浜を歩く人は、小さなものを拾ってポケットに入れ、それをマントルピースやキッチンの窓枠に置きたくなる。滑らかな石や貝殻、美しい形をした流木や、海が運んできたものを。地球の裏側から、メッセージ入りのボトルが漂ってくるかもしれない。わたしも子供のころ、無人島に幽閉されているというメッセージを入れたボトルを流したことがある。それはまるで真実からかけ離れているわけではなかった。わたしはフィンマルクで育ったのだから。

多くのノルウェー人は休暇のあいだ海の近くへ行く。海岸に小屋を持っていたり、南ヨーロッパの海岸に旅をしたり。これはいたって自然なことだ。子供にバケツとスコップを渡せば、寒さや空腹のことなど忘れてずっと砂浜で遊んでいる。砂と波、水、岩でできたその世界に没入する。裸同然で波と戯れ、あるいはダムや運河などの建築物をつくって遊ぶ。建設現場の監督のような集中力だ。「歴史は子供がつくる海岸の砂の城のようなものだ」とは、ギリシャの哲学者ヘラクレイトス（紀元前五三五〜四七五年）の言葉だ。

ヘラジカかカモシカのものと思われる骨が岸に流されていた。生命のエネルギーは骨の組織の微細な穴から染みだし、硬くて滑らかな無機物に変わっている。淡い灰色で穴の開いた物質はほとんど重みがなく、輝きも失われている。表面の色は鈍く、光を吸収している。そのまわりについていた軟骨や肉、脂肪などはすでに海に洗い流されている。

およそ四億年前、海の生き物がはじめて陸に上がったころのデボン紀の化石を調査したイギリスの科学者は、驚くべき発見をした。最初の陸棲動物の顎と歯は、肉を切り裂くためのもので、植物を嚙むものではなかったのだ。目は頭の上にあり、首はまったくない。最初に陸に上がったのは魚のような頭をした肉食動物で、その歯で互いを食いあっていたのだ。魚の頭を持つこの動物は、八〇〇〇万年のあいだ地上を支配した。(17)

一度知ると、このイメージは頭から離れなくなる。

スクローヴァの海側に立つと、ヴェスト湾が一望できる。南東のかなたにはスタイゲンの島々が見える。高い灰色の雲が覆い、ほどよい逆光で照らされている。光は強すぎず、弱すぎず、柔らかく稜線を描き、抑えた光と影の対照ができている。「鼻水の緑、青灰、錆び、色つきの標識(18)」

丘を登れば、ボードーの近くのランデゴーデ島と、南西にはヴェル島が見えるだろう。ロフォーテン諸島の端にあるロスト島も見えるかもしれない。一四三一年に、クレタ島からフランドルへ向かっていたヴェネツィアの船の乗組員たちが流れ着いた場所だ。ジブラルタル海峡を過ぎたところで、船は岩に衝突した。リスボンで修理をし、船はまた北へ向かった。ビスケー湾で嵐に遭い、メインマストと舵が折れ、漂流した。一二月半ばには、乗組員たちは船を捨て、水漏れのする救命ボートに乗り換えざるをえなかった。何週間も、雪や闇と戦い、飢えや渇き、病気に耐えながら海を進んだ。一日で四人の乗組員が命を落としたこともある。船から大量の塩漬け肉を持ってきていたのだが、ワインが不足した。

海流と風が彼らをはるか北へ、未開の夜の無へと運んだ。もう二度と地面の上には立てないのではないかと思われた。だがそのとき、島影が見えた。それがロスト島だった。乗組員は砂浜を探し、一四三二年二月四日に陸に上がった。島の住民に助けられ、やがてイタリアへの帰路についたが、船長のピエトロ・クエリーニは住民を「想像しうる、もっとも欠点のない人々」と書いた。彼らには、かぎりないもてなしの心があった。ロスト島の人々は、ノルウェーのほかの地方よりも肌の色が濃いと言われている。それはともかく、イタリア人たちはたくさんの干しダラ《ストッカフィッソ》を土産にもらい、イタリアの料理人は、それに魔法をかけた。それ以来、ロスト島からイタリアへの魚の輸出は途絶えたことがない。

坂道を登ってロスト島を見るかわりに、さらに海岸を歩く。潮が砂浜に水たまりを残していき、そのなかで稚魚が泳いでいる。孤独なカモメが岩にとまっている。海藻を引き抜くと、ハマトビムシがあちこちへ飛び跳ねる。ほかに隠れ場所はないというのに。

前浜は海と陸の境界であり、また生と死の境界でもある。少なくともヴァイキングの世界ではそうだった。彼らは潮間帯を処刑場としていた。方法はさまざまだが、死刑を宣告された者の多くは、そこで杭につながれた。あとのことはすべてを潮が行った。オーラヴ・トリグヴァソンのサガには、呪術の一種セイズの信者がスクラッテシェールで処刑された顚末がいたって簡潔に書かれている。「王は彼らを、潮が満ちると海に沈む岩礁へ連れていってつながせた。エイヴィンドたちはそのようにして死んだ。その岩礁はそののち〝スクラットの岩礁〟と呼ばれた」。それは、古ノルド語で魔法使いやトロールの岩礁を意味する。(19)

わたしも子供のころに、似たようなことをやったことがある。前浜の杭に友人をつなぎ、残りの全員がその場を離れたのだ。ところがそれをすっかり忘れ、わたしは夕食をとるために家に帰ってしまった。その後、たまたま通りかかった大人の耳に、男の子が助けを求める声が入った。水はすでに胸のところまできていた。

潮間帯は、海でも陸でもない。そのあいだにある。そこに適応した生物はすべて、両方の世界につながっている。あるときは海のなかへ、またあるときは焦がすような太陽が照らす乾燥した陸へと行き来する。塩と水、雨、風、そして乾きに耐えなくてはならない。海や海岸、あるいは頭上から襲う鳥といった捕食者から身を護る必要もある。海のなかと同じく、重要なのは身を護ることと餌を見つけること、そして波が襲ってきたときにしっかりとつかまっていることだ。強い波は、巨大な石を動かすこともある。

そのため、前浜に棲む生き物には独自の特徴がある。カニや巻き貝、二枚貝には強固な殻がある。多くの種は、潮が満ちると砂のなかに潜りこむ。ケブカヒキガニ、ノルウェーでは一般に〝装飾するカニ《ピンテクラッベ》〟と呼ばれるカニの一種は、体を隠すために藻類で体を覆う。殻に鉤がついていて、昆布や海藻など、なんであれ漂ってくるものを身にまとうのだ。つまり、このカニは周囲の状況によってカモフラージュのしかたが変わる。海の放浪者のようでもあり、ただ目立たないようにしているだけのようでもある。

多くの種の巻き貝も、カニのように陸と海の両方で生きている。ヤドカリは生まれつきの防御の方法がないため、貝殻を背負う。危険が近づくと、そのなかに逃げこむ。ヤドカリはさまよえる不法占拠者で、成長するにつれて家を変えていかなくてはならない。

カサガイは餌を探すときは這いまわり、それ以外は岩に張りついている。その吸着力はとても強く、道具がないと引きはがせないほどだ。食べられるが、ノルウェー国内で提供している店を見たことはない。人間の髪の毛の一〇〇分の一ほどの薄いカサガイの歯は、地球上でもっとも硬い生体物質でできているという。その繊維には、ドイツの作家ヨハン・ヴォルフガング・フォン・ゲーテにちなんで名づけられた針鉄鉱《ゲータイト》が含まれている。

ウニの生殖巣も食べられるが、季節は産卵シーズンのまえだけだ。そのころには、海でとれる極上の霊薬であるその小さな卵をほじくりだすことができる。ときどき、割れて中身が空になったウニが岩のまわりに散らばっていることがある。引き潮のとき、カラスやカモメがウニを抱えて二〇メートルの高さまで飛び上がり、岩の上に落としてその中身を食べるせいだ。

ハマトビムシは岩のあいだを飛びはねている。その卵は、低潮線の近くの昆布や海藻、イソギンチャクのなかに隠れている。ハマトビムシは〝死者の指〟の名を持つユビウミトサカ（*Alcyonium digitatum*）の触手のあいだや、ウミエラの一種（*Virgularia mirabilis*）の線毛のなか、そしてウニのとげのあいだにも隠れている。ウニの口は氷をつかむトングのように左右対称に開閉し、「アリストテレスの提灯」と呼ばれている。同じ形をした部分が八つ円形につながっていて、動きはまるで精密機械のようだ。ヒューゴは以前から、ウニの口を題材に大型の彫刻を製作することを考えている。

濡れた白い砂を見ていて、かつて読んだ初期のキリスト教徒の話を思いだす。ローマ帝国から迫害されていた彼らは、相手を試すための秘密の符丁を使っていた。同じ宗派ではない可能性があるふたりの人間が会うと、そのうちのひとりが砂に大きな弧を描いた。もうひとりが反対向きの弧を、はじめのものと交差するように描くと図形は完成し、仲間だとわかる。その図が表しているのは魚だ。イエスの最初の弟子たちは「人間をとる漁師」になったが、その多くはもともとは漁師だった。

間潮帯はかなり広い。月と太陽がほぼまっすぐに並び、それぞれの引力が重なっている。地球上の水の九七パーセントは海にあり、またすべての水は海の底に向かって引き寄せられている。ノルウェーでは北へ行けば行くほど、干満の差は大きくなる。

昔、海沿いに暮らす人々は前浜でザルガイなど海の二枚貝を集めていた。二枚貝は砂に潜るが、地面には小さな穴が残っている。その穴に棒を差しこめば、それに巻きついた貝を引きあげることができる。数十年前のロフォーテン諸島の釣りシーズンには、ザルガイなどの二枚貝が塩漬けにして釣りの餌に使われていた。

近ごろ、大きなクラゲが浜に打ち上げられた。クラゲは無数の針がついた触手をうしろに伸ばしている。それを横に広げながら海のなかを沈んでいき、食べられるものが近くにきたら衝撃を与える。もちろんそれは、クラゲが生きているときの話だ。この大きなクラゲの死因はわからないが、調べてみるつもりもない。クラゲには脳はない。だが、その体全体が脳を思いださせる。まるで神経や動脈、静脈といった何本もの長い管をつけたまま、頭蓋骨から抜け落ちたようだ。

人間の知覚に疑いを抱いた哲学者は、こんなふうに尋ねる。自分が液体に浸かった脳で、外界の情報を与えられているにすぎない、という考えが誤りだと、どうしたら確実に知ることができるのか？　多くの場合、答えは〝知ることはできない〟だ。

わたしの潜在意識はまた、触手を伸ばして過去の漂流物を海面に浮かびあがらせる。わたしのいちばん古い記憶は、フィンマルク県東部の人けのない海岸に流れてきた、とげのあるクラゲのなかに手を入れたことだ。たぶん、ゼリーか、そのころ派手な箱入りで子供向けに売られていた、緑や赤の冷たい感触のスライムだとでも思ったのだろう。そのときの痛みはまだ鮮やかに思いだせる。しかも、時間が経つにつれて痛みは増していった。イラクサのようだが、もっとたちが悪い。一八七〇年代、マサチューセッツ湾に直径二メートル以上で重さは一トンを超えるクラゲが現れた。南太平洋には、成人の心臓をあっという間に止めることができるハコクラゲがいる。

コワクラゲの仲間も恐るべき小さな悪魔だ。
クラゲは度重なる大量絶滅を生き延びてきた。酸性の水でも生きられ、捕食者は少なく、ゾンビのように漂流する。クラゲはほとんど酸素を必要としない。地球上のほぼあらゆる生物を滅ぼしてきた危機を越えて生き延びてきた。

五億年以上のあいだに、地球上で五度の大量絶滅が起きている。いちばんよく知られているのは最後のもので、白亜紀と新生代古第三紀のあいだに起きたK／Pg境界の大量絶滅だ。それは六五五〇万年前に起きた。飛行する小型のトカゲを除いて、すべての恐竜が死に絶えたことでよく知られている。

スクローヴァの何倍もの大きさの隕石が、およそ時速七万キロの速度でユカタン半島〔訳注：メキシコ湾とカリブ海のあいだに位置する〕に衝突した。その爆発の規模は、水素爆弾の数億倍の規模だったと推定されている。地球に生命が生まれて以来、おそらく最悪の一日だっただろう。アメリカ大陸の大部分が破壊され、塵によって息詰まるような暗闇に包まれた。大陸の形を変えるほどの津波が発生した。塵の雲が大気を覆い、太陽は数か月から数年間見えなかった。地上のほとんどの森林は燃えた。酸性雨が海に降りそそぎ、その後数百万年は亜硫酸のプールと化した。

これは、最悪の大量絶滅ではなかった。ペルム紀と三畳紀のあいだ、およそ二億五二〇〇万年前に起きたP／T境界の大量絶滅は、さらに大規模だった。その原因は、のちにシベリアになる地域で起きた大量の火山噴火だったとも考えられている。超大陸パンゲアが形成されていたころのことだ。

その熱は永久凍土を溶かした。数百万年にわたり、沼地や森林の上に倒れた木が積みあがっていた。溶岩の噴出によって火事が起こり、地球は巨大な火鉢になった。温室効果ガスが大気中に溜まり、連鎖的に状況は悪化し、とくに海のなかでは、蓄積されたメタンガスが放出された。因果関係はよくわかっていないが、ともかく科学者たちはその現象を「大絶滅《グレート・ダイイング》」あるいは「すべての大量絶滅の母」と呼んでいる。海が酸化し、気温が上昇したことにより、有害な物質を生みだす細菌が大量発生した。海中の生物のおよそ九六パーセント、つまりそのときに生きていた生物のほぼすべてが死に絶えた。海は炭素を取りいれることができなくなり、温室効果ガスを大量に放出した。[20] 大気は煙とガスによって酸素不足になり、海は汚染された。

数億年前、まだ魚が出現していないころには、三葉虫が海を支配していた。体長は一ミリから一メートルと幅広く、さまざまな種がいた。泳ぐものや、海底を這うもの。プランクトンを食べるもの、より大きな獲物を食べるもの。カニとザリガニの中間のような形で、手足はないが、槍のような鋭い角を持っているものもいた。個体数が多く、殻で覆われていたため、数多くの化石がいまに残されている。ノルウェーだけでも、およそ三〇〇種の三葉虫の化石が見つかっている。しかしP／T境界の大量絶滅が終わるころ、この繁栄した系統樹の古い枝は、ぷっつりと途絶える。大絶滅《グレート・ダイイング》の終盤で、三葉虫は、もっとも生命力あふれた個体まですべて死に絶えた。地球上の生命がそこから回復するには、何百万年もの時間がかかった。

サメの先祖は四億五〇〇〇万年前にはすでに海を泳いでいた。その約一億年後には、「サメの時代」と呼ばれる繁栄の時代を迎えた。だが、これまでに多くの種が絶滅している。たとえばメガロドンは、全長二〇メートルで体重五五トンほどもあった。口の幅が二メートルほどあり、なかにはそれぞれがウイスキーのボトルくらいの鋭い歯が並んでいた。それよりははるかに小さいが、三億二〇〇〇万年前に絶滅したステタカントゥス、別名「アンヴィル（金床）・シャーク」も興味深い。普通は背びれがあるところに、ヘルメットのようなものがあり、前を向いた歯がびっしり生えている。それが何に使われていたのかはわかっていない。

サメは進化の過程で生まれてきた大型動物のなかでもっとも丈夫で適応力がある。ヤツメウナギやカブトガニ、カニ、海綿動物、クラゲなど、より小型の動物はもっと長く生きているが、それは例外的な、偶然の出来事のように思える。一方、ステタカントゥスやミツクリザメ、ラブカ、そしておそらくニシオンデンザメなどの数種の大型のサメは、悠久の時間を生きている。ほかにそれに匹敵する種はない。それらは、火山の噴火や氷期、隕石の衝突、寄生動物、細菌、ウイルス、酸性化といった大量絶滅の原因となったあらゆる危機を乗り越えて生き延びてきた。恐竜が出現するはるか以前からサメは存在していた。そして恐竜をはじめ無数の種が絶滅したあとも繁栄しつづけた。世界中の海を泳いでいるサメは五〇〇種にもおよび、そのうち半分はこの四〇年で発見されたばかりだ。絶滅の危機に瀕しているものも、広く分布して繁栄しているものもいる。

世界最高の大学の著名な研究者たちが「サイエンス」誌や「ネイチャー」誌に発表しているとこ

ろによると、われわれはいま第六の大量絶滅の初期段階にある。大絶滅《グレート・ダイイング》は数十万年にわたって進行した。今日、生物種は、数世紀のうちにすべての恐竜が消えた大量絶滅の速度にも比較しうる速度で姿を消しつつある。その原因は生息地の消滅、外来種の導入、気候の変動、そして海洋の酸性化だ[21]。

この第六の大量絶滅の原因をわれわれは知っている。人類は地球上に登場してまだ数十万年だが、その隅々にまで広がった。人間は産み、増え、地に満ちて地を従わせた。海の魚《うお》、空の鳥、地の上を這う生き物をすべて支配した。

海の化学的性質は変わりつつある。以前は生き物であふれていた海岸沿いにも、酸欠海域が増加している。深海では、そうした海域はさらに広がっている。海は、われわれのもっとも重要な酸素の源であるだけではない。大量の二酸化炭素と、その二〇倍もの温室効果を持つメタンを吸収している。

気温は上昇し、大気中の炭素量は増加しつつある。すると、海はさらに二酸化炭素を吸収する。実際、一九世紀初期に産業革命が始まってから、人間が排出する二酸化炭素の半分を海が吸収してきた。

二酸化炭素が溶けると、水はさらに酸化する。海は、貝や珊瑚、オキアミ、プランクトンなど、魚の餌になる生物を脅かす酸性度に近づいている。さらに海が酸化すれば、魚の卵や稚魚にも影響をおよぼす。昆布など多くの種は、北へ移動することで気温上昇から逃れて生き延びるだろう。だが酸性化からは逃れられない。われわれが生きているうちに経験することはないだろうが、もし海洋の酸化がさらに進行すれば、ほとんどの大型海洋生物は死滅するだろう。負の状況は悪循環を起こし、やがて生態系全体が崩壊するだろう。生命を養うプランクトンは消え、有毒プランクトンやクラゲ、そしておそらく生命力の強い深海のサメが繁栄するだろう。

バランスが崩れると、さまざまな出来事が起こる。たとえば海が酸化するにつれ、海中の酸素量は減り、環境に影響を与える気体を吸収できなくなる。大気中の二酸化炭素が増えれば、海はやがてそれを吸収しきれなくなる。炭酸水の冷たいボトルの気が抜けにくいのと同じで、二酸化炭素を保つには水温が低いほうがいい。結局、大気中に二酸化炭素がたまるほど、海がそれを吸収する能力は下がり、地球温暖化は加速する。気候学者が考える最悪のシナリオのひとつは、海底や氷に溜まっていたメタンガスの大気中への放出が始まることだ。すると雪崩現象とフィードバックのメカニズムによって気温上昇は加速し、壊滅的な状況になる[22]。

大量絶滅ではかならず、彗星によって引き起こされたものも含めて、海が重要な役割を担う。海における循環や変化の過程はゆっくりと行われるため、問題が起きたときにはすでに遅い。そして、海の反応が現れるには三〇年という時間がかかるのだ。

海洋の酸性化は一九世紀に始まった。うまくいけば、それは数千年ののち、産業革命が始まったときのpHレベルにもどるはずだ。海の生命はおそらく変化する。数百万の生物が、人間に発見されないまま絶滅するだろう。

プランクトンは、われわれが呼吸する酸素の半分以上を生みだしている。プランクトンが死に絶えたら、人間は地球上で生きていけなくなる。われわれはいずれ、釣りあげられて船の底で虚ろな目をして酸素を求める魚のようになるだろう。海をもっと大切に扱わなければならないことは明らかだ。いや、そうした言い方そのものがすでに自己中心的だろう。実際には、海がわれわれを養っているのだから。気候変動は海水の変化によって海からも起こり、やがて人間に影響をおよぼすだろう。そして、海の生命が回復し、新たなバランスを見いだすには、数百万年かかるだろう。だがわれわれは、それまでの長い時間、一時停止ボタンを押したままでいるわけにはいかない。人間と海とは、互いがいなくては生きていけない恋人どうしではないのだ。

とはいえ、地球上のどの国も、海との関係は恋人どうしのようだ。そのことに気づいたのは、数年前にボリビアの首都ラパスを訪れたときだった。一八八三年に、ボリビアはチリとの戦争に敗れ、すべての海岸線を失った。チリに海を奪われたことは、国民の心に深い傷を残した。ボリビアの人々はそれを大いなる不正とみなし、現在に至るまで海岸を取りもどすことを諦めず、国際司法裁判所に訴えでている。海岸地域の回復を願うボリビア人は、懸命に士気を維持しようとしている。チチカカ湖では象徴的な海軍が活動を行い、毎年、海の日を国民の祝日としている。その日、子供たちや兵士は首都の通りをパレードする。失われたものは永遠に忘れられることはない。

海は人間がいなくても気にしない。だが、人間は海なくして生きていくことはできない。

34

スクローヴァの海岸を通ってもどる途中で、森のなかの空き地で草を食べているポニーと戯れていると、電話が鳴る。フィアンセからだ。彼女の目は、海のように色が変わる。前回スクローヴァから帰ったあと、妊娠が判明していた。いまは順調に七週目を迎えている。

ふたりとも幸せで、胎児の週ごとの発達についての本を読みはじめている。わたしはそのまえから、魚や、地球上での生命の発達に関する本を読んでいた。するとどうしても、それらのあいだには明らかなつながりがあると思わずにいられない。

フィアンセの体のなかで、羊水に包まれて生命が育っている。七週目を過ぎると、胎芽は魚の稚魚とよく似てくるが、類似点は見た目ばかりではない。胎児の上半身には膨らみと曲線が現れる。それは喉の曲線、つまり魚のえらに当たり、それから数週間で首と口になる。頭の両側には、魚のような目がある。耳は首のずっと下のほうについている。鼻と上唇になるところは、頭の上にある。人の上唇の上に窪みがあるのは、こうした過程を経ているためだ。うまくつながらないと、口唇裂となって産まれてくる可能性がある。
胎芽の器官や体の部分は、まるで地表を移動する大陸のように動きながら、進化のつぎの段階へと進む。男の子であれば、睾丸になる部分は心臓のすぐ隣にある。それから発達するにつれて、睾丸はあるべき場所へ少しずつ降りていく。それはなるべく熱を避けるためだ。多くの魚は変温動物なのでその必要はなく、生殖腺は心臓の隣から動かない。
われわれの祖先は陸に上がったが、体のなかにはまだ多くの海が残されている。呼吸し、言葉を発する筋肉も海のなかで発達した。サメや魚は、その筋肉でえらを動かす。サメとヒト——ニシオンデンザメとわれわれ——は、脳から出ている神経の形がよく似ている。腎臓と耳の内部の構造も、海に生きていたころの名残だ。腕と脚は、魚のひれから発達したものだ。人間は、多くの哺乳類や鳥類と同じように、魚とたくさんのものを共有している。[23]
フィアンセには、生まれてくる子は魚だとは言わないし、もちろんそういうことではない。だが、人間はサルの子孫ではないとした創造論者は正しかった。地上のすべてのサルと同じく、人間は海からきた。われわれは魚の生まれ変わりなのだ。

35

まもなく一週間になる。まだ海へ出ることができず、わたしは何もせず過ごしている。退屈していると、なんのためにこんなことをしているのかと思いはじめる。やることの多いヒューゴが、そろそろわたしの行動を怪しみはじめてもおかしくない。軽い口論になる。この計画の意義も、いまはよくわからない。ヒューゴはここに住み、仕事をしている。訪問者という意識もあまりないが、わたしは外からここにきている身だ。ここにもどってくれれば、わずか一日離れていただけのように感じるし、ヒューゴとメッテとは、親子のように接している。だが、結局のところわたしは、良きにつけ悪しきにつけ、自分の習慣をここに持ちこみ、去っていく部外者でしかない。オーショル・ステーションは城よりも規模が大きいくらいだが、居住空間は小さなアパートメントほどだ。客がいれば、どうしても目に触れる。アラブ人は、こんな状況を的確に表現した。つまり、三日経つと、魚も客人も臭いはじめる。

ヒューゴとメッテの仕事には、終わりは見えない。大工仕事や、認可を得ることなどさまざまな手配がある。ところがわたしはなんの役にも立っていない。それである日など、ほとんど汚れていないのに建物の前や埠頭にホースで水をかけて掃除をしたくらいだ。しかもいつまで経ってもドアを閉め忘れて、暖かさと犬のスクルービを部屋の外へ逃がしてしまう。

ヒューゴとは、数えるほどだがこれまで口喧嘩をしたこともある。一度はごく些細《ささい》なことが原因で、しかもどちらもそのくだらなさに気づいていたはずなのに、最後には汚い言葉が口をついて出ていた。些細なことで二年間口をきかなかった。

些細なことは大切でないなどと、どうして言えるのだろう。数日のあいだ島をうろついているうちに、気分がふさぎこみ、不満があふれてきた。もっと仕事をこなしてからここへくるべきだった。このスクローヴァでしていることは、仕事と呼べるのか。しかも幾度となくボードーへ飛んできて、メッテとヒューゴの規則正しい生活を乱している。

ある日、わたしは彼にぶっきらぼうに尋ねる。「ニシオンデンザメを捕まえる、本当の理由はなんなんだい？」

ヒューゴは動きをとめ、いぶかしげにわたしを見る。「子供のころ、親父からいろいろな海の生き物について話を聞いたんだが、心にずっと残ったのがニシオンデンザメだったんだ。神秘的で、気持ち悪いところがね」

「それでも——」

「昔の方法でニシオンデンザメを捕まえようと考えはじめてから、少なくとも三〇年にはなる。

だがもう、湧きあがる自然な感情なんかどこかへ行ってしまった。ただ自分のためにやってるだけだ。本にしたり、話して聞かせるためじゃない。サメが見られれば充分だ。深海からサメが浮きあがってくるという興奮が味わえれば満足する。それに、始めてしまった以上、やめるわけにはいかない。やり遂げなきゃならない。遅かれ速かれ、サメは捕まるよ」

古ノルド語の詩「ヒミルの歌」(巨人ヒミルの偉業が描かれたエッダ詩の一編)には、人間の力を越えた魚釣りの物語がある。ヒミルと、北欧神話で二番目に強い神であるトールは釣りの旅に出た。餌にしたのは牛の頭だった。物語が劇的に展開するのは、ほかならぬミズガルズの大蛇が針にかかったときだ。ミズガルズの大蛇、別名ヨルムンガンドは、世界《ミズガルズ》をぐるりと囲んで、なおかつ自分の尾を嚙むことができるほどに成長した巨大なウミヘビだ。トールと大蛇は激しく戦ったが、空に雷が轟いた瞬間に、トールはミズガルズの大蛇を地面に引き倒した。トールは勝利の雄叫びを上げた。ところがヒミルはそこまでで満足し、大蛇が殺されるまえに釣り糸を切ってしまう。

トールはのちに、北欧神話でラグナロクと呼ばれる世界の終末のときにもミズガルズの大蛇と出会っている。神々の黄昏として知られている出来事だが、ここでは結末を述べることは控えよう。

ある午後、ヒューゴとわたしはスクローヴァの西部、エリング・カールセンが住んだ古い灯台の近くまで、それほどの距離ではないが車で行った。そこで数羽のウが羽を広げ、はためかせていた。ヒューゴは、明日雨が降る前兆だと言う。わたしは迷信だと思い、雨が降らないほうに一〇〇〇クローネ賭けようとした。だが彼は不機嫌そうにその賭けに乗らなかった。たぶんわたしが天気予報を見たと考えたのだろうが、もちろんそのとおりだった。翌日、予報どおりヌールラン県全域で一滴も雨は降らず、雲もほとんど出なかった。

普段なら、疑問に対してふたりとも答えを知っていると思った場合は、相手を立て、先に話してもいいかと尋ねてから答えを言っている。だがいまは、殴りかかるような勢いで、ぶしつけに答えを言ってしまう。食べ物の話のときでさえ、不穏な空気が漂っている。ヒューゴはわたしがシチューを好きなことまで非難する。それですべてがわかるとでも言うように。といっても、スヴォルヴェルの料理店で二度注文しただけなのだ。

ヒューゴが毎日夕方に観ているテレビ番組『デリック』を観ているときも気まずい雰囲気だった。ドイツ語の練習をしたいのか、あるいは自分が過ごした一九七〇年代のドイツに気持ちだけでももどることを楽しんでいるのだろう。ドラマのなかでは、インテリアやスタイルも当時のままだ。ヒューゴは、主人公のデリックを演じた俳優ホルスト・タッペルトと、ヴェスト湾からさほど離れていないセンジャ島のトラノイで芸術家たちとのディナーで同席したこともある。会場はタッペルトの「ノルウェーの友人」が所有する家だった。ヒューゴには、とても魅力的で礼儀正しい人物だと感じられた。だったら、役柄とはまるでちがう人物のようだね、とわたしは指摘した。デリックは説教好きで、仲間に対しても人を小馬鹿にしたようなところがある。上役なら誰にでも取りいり、イタリア人に会えば、とたんに全員が悪人だと決めつけた。テレビシリーズは全二八一話だが、そのあいだにできた恋人はふたりだけ。しかもそのどちらもが、すぐにどこかへ消えてしまった。何が起きたのかは知る由もないが、たぶんデリックが何かしたのではないだろうか。真面目くさったデリックを変質者だと決めつけられ、ヒューゴはむっとした。嵐がゆっくりと迫っている。沖では強風が吹いているだろう。

翌朝、わたしはヒューゴのリビングルームにすわり、締め切りの記事を書く。ヒューゴは隣の部屋で制作している。依頼を受け、ロスト基礎自治体の有名な三島、エレフスニケン、トレニケン、ヘルニケンを描いている。それらの島々には、海からせり上がる素晴らしい山並みがある。ヒューゴはその作品を数か月前に仕上げ、その数日後には、それを知人がロストへ輸送しているはずだった。ロスト出身の人物が、自分のリビングルームに飾ることになっていた。ヒューゴは普段、風景画を描くことはない。友人からの依頼を引きうけてからようやく、少なくともその山だと識別できるように描かなくてはならないと気づいたくらいだ。

ヒューゴが苦しんでいるのは、それらの山が、均整がとれ、あまりに完全であり、欠点がまったくないためだった。横に並んだそのふたつの山は女性のバストに喩《たと》えられることがあり、その隣には尖った山頂がある。ヒューゴのスケッチは少し不自然だった。光がしばしば歪むため、海面に反射して山に当たる光を捉えるのはとてもむずかしい。ヒューゴはしきりに画面をこすり、影や微妙な色合いを出そうと苦心していた。ところが、夜にはよく見えても、昼の強い光のもとではまるで深みが失われてしまう。わたしが着いたとき、ヒューゴは真っ先にその作品をどう思うかと尋ねた。そしてわたしの見解が自分と同じだと知り、ほっとした様子だった。これといった問題点を指摘することはできなかったが、いつもの作品の水準には達していないという印象を受けた。というより、その作品は素人画家が描いたようだった。これまでの作品では、そんなふうに感じたことは一度もなかったのだが。

「そう！　まさにそれが問題なんだ」とヒューゴは答えた。皮肉な口調ではなかった。彼にはわたしよりもっとよく問題が見えていた。

絵のような、対称的なふたつの山が海から突きでている。あまりにみごとな自然は、ときには不自然に思えてしまうこともある。地平線は永遠へとつづき、そのため空には無限の深みを持つかのような幻想が必要となる。すると、絵画には意図せぬ宗教的なニュアンスが加わることになり、それが強調されると……ヒューゴが苦しむ理由が、少しはわかる気がする。

それはともかく、なぜこれほどラジオをうるさくしなければならないのだろう。ヒューゴが休憩に行った隙に、音量を下げる。意味のないニュースや、流行の騒々しい歌や北方のバラードなどがずっと流れていたら、原稿が書けない。わたしにも締め切りはあるのだ。より正確には、締め切りがあったのだ。いま書いているのは、すでに印刷されているはずの記事だ。ヒューゴはなぜいつものようにヘッドセットをつけないのか。どこかに置き忘れたのだろうか。

もちろんここは彼の家だし、わたしは客にすぎない。だが友人でもある。だから、記事をなんとか書き終えようとしているときくらい、わが身を守るために、客よりも友人としてふるまってもいいのではないだろうか。そのときふと、わたしをいらつかせていることにヒューゴ自身も気がついているのだと気づく。これは危険な状態だ。山の絵が描けない苦しみを紛らわすためだろうか。彼はほとんどの時間を、すでに描いたものをこすってぼかす作業をしている。ラジオから意味のない音を流すことは、この段階でのヒューゴの創作に必要な過程なのかもしれない。気を紛らわすものがあることで、それ以外のものに気を散らすことなく、自由に、ある意味で思いのままに制作できるのかもしれない。

チャンスがあるたびに、つまりヒューゴが部屋から出て行くたびに、音量をほぼ最小に下げる。だがもどってくるとヒューゴはかならずそれに気づいて、また音量を上げる。このままでは衝突が待っている。それだけは避けたいのだが、耐えるのもそろそろ限界だ。もう一文も書けないし、考えはまるでまとまらない。

まずいのは「話しあい」が始まることだ。そうなれば、いま必要としているだけの集中力のレベルを維持することはできなくなる。そこで、ヒューゴに背を向けて、できるだけ関わらないようにする。耳の聞こえない貝のように。ヒューゴが話しかけてきても答えないし、できれば背中から滲《にじ》みでているネガティブなエネルギーを感じとって、放っておいてほしい。この戦術には危うさもある。かえって怒らせて、状況を悪化させてしまう可能性もあるからだ。この棟のなかには、二〇〇〇平方メートルほどの自由に使える場所があるから、互いに干渉しないでいることはできる。

だがわたしは情報を確認するためにインターネットを使う必要があり、接続できるのはこのリビングルームだけなのだ。日射しは相変わらず心地よいが、それで雰囲気がよくなるわけでもない。ふたりとも締め切りに追われて屋内に閉じこもってなどいないで、釣りに出ていてもおかしくなかったのに。もちろん、ボートがあればの話だが。

三度目にわたしがラジオの音量を下げたとき、ヒューゴはもどってきて、答えざるをえない口調で声をかけてくる。お互いに、もう我慢はできない。ここは慎重にふるまわないと、この建物から追いだされるかもしれない。そうなれば、少なくともヒューゴのほうは平和と静けさが得られるだろう。ラジオをつけて仕事をするのが好きなのに、なぜ音量を下げるんだ、とヒューゴは訊く。それに、音がうるさいなどと言う資格がわたしにあるのか。去年の夏、美術館で作品を展示しているとき、延々と同じ曲をかけつづけたのは誰だったっけ。あのときは静けさと、極度の集中が必要な作業だったのに。

それははじめて聞く話だ。ということは、ぜひとも静寂のなかで仕事をしたいと何度も言ったのに、わたしはそれを無視してずっと音楽をかけつづけた、ということだろうか。しかも同じ曲を何度も。その曲の出だしのギターリフを聴くと、いまだにぞっとする、とヒューゴは言う。だったら、いまわたしがしているように、消してくれと頼めばよかったじゃないか。すると、ヒューゴはそうしたと言う。

わたしは口を閉ざし、貝のポーズにもどる。ヒューゴの怒りが爆発しそうなのが見てとれるが、どうにかわたしを追いださずに堪《こら》えている。

数時間後、ふたりとも仕事を終わらせ、状況はそれ以上に悪くなることはなかった。ヒューゴは山を描き直した。コントラストを穏やかにし、光の向きを変えることで作品は仕上った。


その晩、わたしの書いた本についての話になる。ヒューゴは、表現があまり正確ではないと言う。細かいことは省くが、それはノルウェー北部に関する部分についてだった。わたしは、ヒューゴの絵にも、とくに抽象画には正確さはないじゃないかと反論した。それに、われわれの海での行動も、どれだけ正確なのだろう？　たとえば、三角測量もそうだ。実際には、五〇キロ先で少し霧が出ただけで正しい方位がわからなくなってしまう。ヴェスト湾の海流の強さにも、何度も騙《だま》されてきた。なんの問題もなく海底に沈んでいるはずの釣り糸と餌が消えてしまったこともある。気づいたときには、それらはビュルネイ島に向かって北へ流されていた。

「絵を描くうえでの正確さとは、どういうものなんだい」とわたしは尋ねる。

「絵を描くうえでの正確さだって？」ヒューゴは驚いて声を上げる。

制作するうえで、ヒューゴが正確さを重視していないことは知っている。

「じゃあ、絵を描くときには不正確さが大事だってことかな」

「いや、全然そんなことはない。正確さも、不正確さもどちらも大事じゃない。大切なのは、それとはまったく関係ないことだ」

わたしはつづけて、ニシオンデンザメが針にかかったあとのことを心配しすぎじゃないか、と言う。むしろ、本当に捕まえるべきなのかを考えるべきだ。ヒューゴの口ぶりでは、それはただの達成すべき任務にすぎないかのようだ。だがふたりとも、この計画にはそれ以上の意味があるということを知っている。このサメ釣りの動機には、まだ隠された部分がある。雲が映るほど澄んだ海面の下には、岩礁や岩が潜んでいて、よく見えない部分がある。怪物とともに、海の底から土と堆積物が湧きあがってくる。

現実の光、つまりヴェスト湾に降りそそぐ陽光のもとでは、この任務は輝かしい意味を持っている。だがそれは強迫観念になり、計画にはたくさんのエゴがこもっている。もう、寄生動物を何匹かぶら下げてよく見えなくなっているニシオンデンザメの目を覗きこむまでは諦めるわけにはいかない。

なんという馬鹿げた、変てこな計画に関わってしまったのだろう。重要なのは好奇心を満足させることだろうか。恐怖心と向きあうことだろうか。手に負えるぎりぎりの海の獲物を捕まえようとする狩猟本能だろうか。深海に眠る怪物という神話はわれわれとは切り離せないもので、人間がもう絶滅した捕食者の餌食になっていた時代、鋭い牙を持つトラに洞窟のなかへ引きずりこまれ、暗闇で食べられていた時代から受け継いだものなのだろうか。人間がワニと戦い、その水中の巣で引き裂かれていた時代からの遺産だろうか。体を回転させて逃げるニシオンデンザメの姿がワニと重なる。

　人間は少しだけ脳が大きくなったことによって、戦いに勝った。このゼリー状の灰色の物質によって、われわれは意識の働きも含め、すべてを理解することができた。だが、過去から受け継いだものはまだ深い記憶として残っている。なぜヒューゴがよく観るテレビ番組では、恐ろしい獣がたくさん登場し、恐怖を煽《あお》るナレーションが流れ、獣がいまにも人間を襲おうとしているという印象を与えようとするのか。

　人間にとってはるかに恐ろしいのは、サメよりもスズメバチのほうだ。地球上で、一年にサメに殺される人間は一〇人から二〇人だ。その間に、人間はおよそ七三〇〇万頭のサメを殺している。それにもかかわらず、サメは恐ろしい捕食者だと思われている。ヒューゴもわたしも、この皮肉にははっきりと気づいている。

　サメが人間を攻撃すると、かならずそのニュースは世界を駆け巡る。人々の目には、冷たい目をした暗殺者が、快楽のために音もなく忍び寄って人を殺す姿が映っている。幾重にも重なった鋭い歯が海中から浮かびあがり、無防備に泳いでいる人の腕や脚、腰を捉える。鮮血が海を染め、短く一方的な戦いののち、サメは体の一部をくわえて深く潜っていく。サメが人間を恐れていないことが人間を震えあがらせる。

　サメは人気のある動物ではない。パンダや猫、子犬、イルカ、チンパンジーの赤子などとは正反対だ。今日、サメが人間を攻撃すると、それは太古の、まだ人間が科学技術で世界を支配するまえの時代の遠い名残のように思える。一瞬にして、人間による世界の支配は崩れる。殺すものから殺されるものへの転落。こんなことがわが身に降りかかる可能性は、実際にはほとんどない。それでもわれわれは、自分の体を残さず食べてしまう生物に囲まれた冷たい深海へと沈み、自分のすべてが消えてしまうことを恐れる。

誰もが、やがては消えていく。しかし魚や、這いまわる動物が待つ暗い海の底で完全に消滅してしまうのはあまりに耐えがたい。

古代から、探検家や地理学者、博物学者らは少しずつ世界の姿を明らかにしてきた。ダンテによれば、オデュッセウスはホメロスが書いたのとは異なり、ペネロペのもとへ帰らなかった。さらに旅をつづけようと、ヘラクレスの柱を越えて地中海の外へ出てさらに西を目指した。ギリシャ神話によれば、この柱は人が住むすでに知られた世界の境界として建てられたという。ヘラクレスでさえ、その柱の先へは行かなかった。しかし好奇心と知識への渇き、冒険心に駆りたてられ、オデュッセウスは未知へと足を踏みだした、とダンテは『神曲』（一三二〇年頃）で述べている。ダンテはこの罪を仮借なく罰し、地獄のほとんど底近くまで突き落とした。オデュッセウスは地獄の第八圏で、永遠に炎で焼かれている。(24)

わずか数世紀前、多くの人は犬の頭をした人間や、頭がなく顔が胸にある人間、あるいはサソリとライオンと人間をあわせたような生き物が存在すると信じていた。慣れ親しんだ故郷を離れて旅する者は、翼の生えた馬や炎を吐く竜、目の力だけで命を奪う怪物に遭遇する危険を覚悟していた。ユニコーンは実在すると思われていた。海は、おびただしい数の奇怪で邪悪な巨大生物たちのすみかだった。

中世の教会のファサードは空想の動物や悪魔の彫刻でにぎわっているが、それらはすべて現実のものだと考えられていた。人間はいつも、人を食らう凶暴な獣を恐れていた。人間は地上の覇権を握り、海を支配して、目もくらむほどの速度でほかの種を滅ぼしてきた。それが行くところまで行ったいまでは、人間と動物の対等な戦いなどまったく考えられない。真の戦いと言えるのは人間どうしによるものだけだ。

現在、野生動物は絶滅の危機にある。ほとんど動物園かサファリパーク以外では見ることはできない。それも高い入場料を払って、サバンナの大型動物を、ときには望遠鏡越しにどうにか覗くらいだ。クジラやサメを間近に見ることは、多くの人にとって喜びであり、また自らの地位を誇示することでもある。

捕鯨者とホエール・ウォッチャーが考えられないほど接近したこともある。数年前、世界中からきた人々が乗った船がアンドヤ島の沖合のホエール・サファリに出て、その海域のミンククジラを見物していた。ところが、そこに一隻の捕鯨船が近づいてきた。そして、クジラが好きな八〇人の人々の目の前で、捕鯨船の乗組員はミンククジラに銛を打ちこんだ。観光客たちは島にもどる途中、今度は別の捕鯨船が血を滴らせながらミンククジラを甲板に引きあげるところを目撃した。観光客たち、なかでも子供たちはその光景を生涯忘れないだろう。ノルウェー捕鯨協会は、アンドイポステン紙の取材に対し、「ホエール・ウォッチングに出かける人々は捕鯨に強く反対しているということを考えなければならない」と語っている。(25)

ひとつ面白い点がある。近ごろのモンスター映画に出てくる怪物は、もはや野生動物ではない。ゾンビや吸血鬼など、形を変えた人間自身が多い。あるいは宇宙や、ときには海からくることもある。人間にとって未知で、完全に支配することのできない場所が恐怖の源になる。

ヒューゴとわたしの状況は、ブライアン・イーノ〔訳注：イギリス出身。ロキシー・ミュージック、ソロなどで活躍〕の音楽をかけても変わらない。ロバート・ワイアット〔訳注：イギリス出身。ソフト・マシーンなどで活躍〕は？ 効果なし。ロバート・フリップ〔訳注：イギリス出身。キング・クリムゾンのリーダーとして著名〕のギターが加わっても、駄目。初期のロキシー・ミュージック〔訳注：一九七一年にデビューしたイギリスのロック・バンド〕もいまひとつだ。

ザトウクジラは、自分がうたう長く複雑な歌を毎年変える。新しい曲は、グループからグループへと、遠くまで伝えられる。ヒューゴとわたしは、音楽をそれほど頻繁には更新しない。かけるのは、だいたい四〇年前のものだ。今度はピンク・フロイド〔訳注：一九六七年にデビューしたイギリスのプログレッシヴ・ロック・バンド〕の一九六九年の二枚組アルバム『ウマグマ』をかけてみる。かなり奇妙なアルバムだと言われ、メンバー自身による評価も低い。だがヒューゴは、それを傑作だと考える少数派だった。

夕食には揚げたクリップフィスクを食べる。二か月ほど前に釣ったタラが完璧な塩漬けの干しダラになっている。ヒューゴは昔ながらのやり方でクリップフィスクをつくる。干している途中で、タラを屋内に入れたりまた外へ出したりし、強すぎる日射しや雨を避けるのだ。また、塩漬けにされた干しダラをヴェスト湾へ運び、きれいな海水ですすぐ。

夜が過ぎていき、潮が高まるにつれて、雰囲気は少しずつよくなっていく。ところが流れが変わり、潮が引いていくと、また気持ちも沈んでいく。

寝るまえに、ヒューゴとわたしは約束をする。実際に海面から引きあげるまで、「ニシオンデンザメ」という言葉は口にしない。その言葉を発すると、災いが起こるような気がする。といっても、サメに関してなんらかの信心に目覚めたということではない。

世界には、サメに対する崇拝が行われている場所もある。ハワイで強力な守護神とされるアウマクアは、サメの形をとることがある。日本人は、サメが海の嵐を支配していると考えていた。ニューギニア島の周辺の島々では、サメを呼ぶことができる者は最高の地位についた。かつてフィジーでは、島人はサメの神ダクワカを崇拝し、族長に直接つながる先祖だと考えていた。ベンガル島では、いまだにサメの神への信仰は篤《あつ》く、われわれと同じように、その名を呼ぶことさえない。ただし、文字に書くことはかまわないという。(26)

翌日、起きたときにはすでに昼が近い。ヒューゴは数時間も大工仕事をしていた。キッチンでサンドウィッチをつくっていると、彼は屋内にもどってきた。そして、重要なことだからと、昨日かなりくわしく話したはずのことをまた尋ねる。

「ちょっとぼんやりしすぎじゃないか?」わたしはそう口に出し、すぐに後悔する。はじめヒューゴは何も言わなかったが、二分後、いくらかうつむき加減で、さっきは何を言ったのかと尋ねる。ちがうんだ、と答えてすぐに謝る。不穏なムードが漂う。ボトルの底に残った飲み残しのようだ。

魚の側線は、群れで泳いでいるときに隣の魚との接触を避けるのに役立つ。そうした便利な感覚器官を持たない人間としては、そろそろ距離をとるべきかもしれない。海との触れあいを求めてここへきたのはたしかだが、ヒューゴに埠頭から投げ飛ばされるのはご免だ。


ステーションの脇を通るとき、立ち止まって、ピルカとペッカが壁にかけていったダイビングの用具に近づいて確認する。ウェットスーツは小さすぎるし、用具の多くがなくなっていて、これでは水に潜ることはできない。ヒューゴとの仲がぎくしゃくしていても、家族に助けを求めるのは問題ないはずだ。ヒューゴの娘のアニケンはダイビングが好きで、カベルヴォーグに住んでいる。用具を借りて、一緒に潜りに行くのも悪くない。ダイビングは久しぶりで、これまではスマトラ島やスラバヤ〔訳注:インドネシア・ジャワ島の都市〕など遠い外国でしかしたことがなかった。だがいまは、どうしてもヴェスト湾でダイビングをしたい気分になっている。

だが、そのまえに用を済ませなければならない。

36

わたしはスクローヴァに古い車を持っている。ヴェステローデン諸島の家との行き来のために去年買ったものだ。ところが今年の冬のあいだに、車内には水が漏れてしまっていた。シートは水浸しで、足元にも水がたまっている。カビくさい臭いが充満している。

車でフェリーに乗ってスヴォルヴェルへ、そこからまぶしい光を放つフィヨルドに沿ってフィスケボルまで行き、そこからまた、メルブとヴェステローデン諸島へ向かうフェリーに乗る。橋や海峡をいくつも通過し、ソートランを経由して、低い山と無数のさざ波を通り抜け、ボー基礎自治体の外洋に面した場所に着く。

そこで風景はがらりと変わる。高山のように眺望が開けていて、ノルウェー北部で見られる昔ながらのフィヨルドではなく、シェトランド諸島やグリーンランドかと思える光景だ。緑豊かな海の風景には木が生えておらず、黒い山塊が空に数百メートル突きだしている。青か錆び色、または淡い緑の背の低い植物が地を這っている。ここは、ノルウェーではかなり早く、一万八〇〇〇年前に氷河が溶けたところだ。

海に近いホヴデンまでくると道はなくなる。わたしの家は白い砂浜を見下ろす、草の生えた氷堆石の上に建っている。白い家だが、壁に吹きつける海水の混じった風のせいで、錆びた釘が目立っている。リビングルームに入っていくと、天井の壁紙が膨らんでいることに気づく。指で軽く触れただけで、穴が開く。そこから流れ落ちた水がまっすぐ顔にかかる。瓶を下にあてがったが、すぐにあふれてしまい、洗面器を置く。

この家を建てたのは祖父だ。最近わたしはほかの四人とともに、五万平方メートルのこの土地と家を購入した。海に面した土地を持っていると、法的には大陸棚までの海を所有していることになる。その範囲は家の下の水際から優に一〇〇メートルはある。つまり、われわれは海の一部を所有しているのだ。よいことかどうかはともかく、法律上はそうなっている。

家は崩れかかっている。パイプのなかに大量の水がたまり、それが漏れてリビングルームの天井に蓄積していたのが水漏れの原因だった。さらに、水は側面からも入りこんでいた。冬の嵐で、正面の壁が一枚剝がれていたためだ。水は洗面器に音を立てて落ち、海岸を洗う静かな波の音を乱している。

水はいま、一〇〇年のあいだ海と嵐に耐えてきた家を乗っ取ろうとしている。車はたまった水を取り除くだけでどうにかなるが、家はポンプで排水し、あらかじめ処置をしておかなければならなかった。風が海から吹きつけ、屋根をはじめ家のあちこちが痛ましい悲鳴を上げている。家屋の隣には井戸がある。そこから汲んだ水は潮の味がする。

車に乗り、ロフォーテンにもどる。窓の内側に水滴がついているが、それを拭きとっても、外に立ちこめた霧のせいで、景色は何も変わらない。このぼやけた水の世界のなかで、ときどき崖にとまるウや、窪地に寄せる波が見える。いまは車が船のように思える。道路標識はなくてもかまわないが、通り道の灯台の光だけは意識して進む。体がずぶ濡れのように感じられ、鼻水が出る。電話をすると、ヒューゴの娘のアニケンはダイビングの誘いに快く応じる。

37

二日後、アニケンとわたしはカベルヴォーグの近海で、ボートから仰向けに海に飛びこむ。ようやくヴェスト湾に潜ることができた。頭を下にしてウェイトベルトに身を委ねる。海の哺乳類のように、八メートル下の海底へゆっくりと沈んでいく。茶色の昆布の大きな森がふたつあり、そのあいだに入りこむ。地上の木と同じように、昆布にも広く、平らで、つやのある葉があり、それが下からの海流で揺れている。葉はわたしの体を撫でるが、捕まえはしない。

海底に横たわり、上を見る。海面にはさざ波があり、青い光が揺れて、異なる世界との境界になっている。陸では、空が上にあり、海が下にある。だがこの海底からは、見えるのは薄い膜にすぎず、海面になんらかの実体があるとは思えない。それはある要素から別の要素に切りかわるところにすぎない。

地球上の生物の多くが海底に棲んでいる。陸と海どちらでも生きられる種は非常に少なく、それもごくわずかなあいだだけだ。ペンギンはどちらにも棲んでいるとされるが、地上ではかなり頼りない。アザラシやセイウチ、カメもそうだ。どちらでも問題なく生きられるのは両生類とヘビの一部だけだ。

はじめ、地球は硫黄が沸騰する浅い海に囲まれており、生き物はいなかった。やがて細胞が生まれ、それらが集まり、さらに進化した生命体を形づくった。すべてはゆっくりと進んでいたが、やがて生命は加速し、あらゆる方向へ芽を出した。数十億年のあいだ、地球上の生命はすべて海にいた。いまは絶滅した生物が軽やかに泳ぎまわり、えらで呼吸していた。動物がおそるおそる浅瀬へと這っていったのは、わずか三億七〇〇〇万年前のことにすぎない。彼らは歩くための足と呼吸のための肺を発達させた。はじめは水中と岸の両方に棲んでいた。それから彼らははじめて陸上に現れ、そこをすみかとしていった。なかには気が変わって海にもどったものもいる。

ここでは海流が途絶えることはなく、水は美しく澄んでいる。嵐がくると、この付近の海岸は暴風雨に直撃される。そんなときの海は、人を寄せつけない恐ろしさがあるが、同時にどこか懐かしく、親しみがある。赤ん坊の顔に風を吹きかけると、その子はすばやく息を吸ってから口を閉じる。哺乳動物の潜水反射あるいは徐脈反応と呼ばれるものだ。健康な赤ん坊は、水のなかでは息をとめる。心拍数も下がり、血管は収縮し、手足に運ばれる酸素は少なくなる。潜水反射は生後半年ほどで弱まるが、赤ん坊は水に潜ることができるように生まれついているのだ。わたしがいま聞いているのは自分の呼吸音で、吸ったり吐いたりするときに、空気と水が絡まりあい、ごぼごぼと音がする。水中で呼吸をしていると、超音波センサーで聞く胎内の赤ん坊の立てる音を思いだす。子宮のなかでは、われわれはみな塩水に包まれている。肺も、生まれてくる直前まで塩水で満たされている。乾き、光に満ちた外の世界に出されるまで、それ以外の状態はまったく知らない。突然肺が空になり、われわれは叫び声を上げる。もうそこは水のなかではなく、生きるために空気中の酸素を吸いこまなくてはならない。九か月のうちに、われわれは海の生物が陸へ上がったときの全過程を追体験する。海溝から異世界の文明が出現する一九八九年の映画『アビス』では、ダイバーたちは水に溶けた酸素を吸わなくてはならないほどの深海へ、「きっと体が覚えている」と言って潜っていく。

しばらく仰向けで海底に横たわってから、昆布の森のあいだを離れる。わたしはいま、海の目で世界を見ている。茶色いカニが岩の割れ目のほうへ横向きに進んでいき、壁に背を向けてハサミをあげて止まる。わたしはそれを手に取り、もとにもどすと、そこから動く。イカナゴらしき小さな群れが砂に潜りこむ。ヒトデは丘のふもとを這っている。小魚は昆布の森から離れない。ほかにも、擬態して隠れているたくさんの動物がいる。

黒いゴムのウェットスーツ越しでも、水の滑らかさが感じられる。穏やかな海流に乗って、静かに揺れる昆布のあいだを泳いでいく。わたしは水そのもののように重さを失っている。水との境界はなくなってはいないが、自分が大海の一滴のように思える。

イソギンチャクが揺れ、漂ってきた飾りを触手につける。一匹のランプフィッシュが、突起を逆立てて威嚇する。尊大な顔つきをして、奇妙に体をふくらませている。ふいに小魚の群れが現れ、銀色に輝く。一斉に同じほうを向くが、リーダーはいないようだ。

かなり浅いところにいるのだが、それでも耳や鼻に水圧を感じる。クラゲなど深海に棲む生物の多くは、海面に引きあげられると爆発してしまう。そして人間は、深海では押しつぶされて形のない塊になってしまう。海面からわずか一〇メートル潜っただけで、水圧は倍になる。水深五〇〇メートルでは、五一倍だ。耐えることはかなりむずかしいだろう。深みへ潜るダイバーは、いくつかの神経系の疾患にかかるリスクを冒している。眠気に襲われる、すぐに眠ってしまう、あるいは震えや吐き気、幻覚や妄想、下痢、嘔吐といった症状に見舞われる。それらは地上にいても深刻だが、深海では命に関わる。水圧の大きさで、酸素混合気を吸うのも吐くのも簡単ではない。深海のダイバーは、ときには数日のあいだ、減圧室に入らなければならない。そうしないと減圧症にかかって、血がシャンパンのように泡だらけになり、酔いつぶれたような状態になる。血液や関節、肺、そして脳にできる気泡が原因で、死に至ることもある。われわれはその程度にしかニシオンデンザメの環境に適応できないのだ。

泡の女王は水中の洞窟に棲んでいる。シュメール人が遺した人類最初の偉大な文学作品『ギルガメシュ叙事詩』で、不死を追い求めた主人公のギルガメシュは、それが植物という形で海底に存在すると教えられる。ギルガメシュは脚に石を縛りつけ、海のなかへ沈んでいく。そこで、若返りの植物が見つかる。だが彼には慎重さが足りなかった。海面にもどり、水浴びをしているあいだに、ヘビがその海の植物を盗んでしまう。

そのとき、異変が起こる。海流が信じられないような強さでわたしを押し流す。抗おうとしても、ただ体が回転するだけだろう。手を胴に押しあて、流れに身を任せて海のなかをはるか遠くまで流されていく。信じられない光景が広がっている。わたしが泳いでいくのは詩の海だ。帆の破れた帆船が過ぎる。笑みを浮かべたマッコウクジラが、海底を泳ぎながら、皿ほどもある目と輝く腕を持つダイオウイカを探している。色鮮やかな紫の珊瑚の森を抜けると、ウナギが海藻のついた頭蓋骨を出たり入ったりしている。深い海溝にそって、ナガスクジラが声をあわせて深く痛切な海の歌をうたう穴へと運ばれていく。タラの稚魚の鼻歌が上から聞こえ、タツノオトシゴのトランペットの派手な音が加わる。エビは輪になって踊り、オヒョウやカレイは尾を振って称える。オオカミウオの顔が、知人の顔に変わっている。海の太陽であるマンボウはじっと動かず、ウバザメの大きく開いた顎を照らしている。アカエイは、爆撃に向かうステルス戦闘機のように隊列を組んで飛んでいく。

さらに深い闇へ引きこまれ、もう望みはないと覚悟する。この水圧では助かるまい。ところが、とっくになくなっているはずの空気が残っている。やがて完全な暗闇に包まれたとき、不思議な生き物が輝きはじめる。水死人たちの影の合間に、恐ろしい光の幻想が現れる。さらに遠くへ、深くへと海流に運ばれていき、やがて滝壺のような轟音が聞こえてくる。地球の中心へと通じる、巨大な通路に近づいているのだ、と思う。海底を引きずられ、ついにモスクストラウメンまできたらしい。地球上のどこよりも海が激しくたぎる場所だ。いよいよ望みはない。

海が渦を巻いている。内側は黒く、つややかに輝き、まわりを物が回っている。難破船の残骸、板や丸太、家具、木箱の破片、樽、梯子の横木、砕けた古い救命ボート。わたしは渦のなかを上に向かっていると思われる一本の樽にしがみつく。

目を開けると、そこはロフォーテン・ポイントの反対岸の、いまは住む人のいない漁村の近くの岩だらけの海岸だ。疲れきって横たわるわたしの耳には、まだ口を開けたモスクストラウメンの轟きが残っている。海の臍《へそ》への旅のことは、ここに書いたことのほか、何ひとつ覚えていない。

38

ロフォーテン・ポイントをめぐる海の旅からオーショル・ステーションへもどると、またヒューゴとの気詰まりな状態が待っている。ダイビングを楽しんできたかと訊かれてうなずき、アニケンからの挨拶を伝える。

その日の夕方近く、ようやく船外機が修理されてもどってくる。ボートでヴェスト湾へ出て確認する。そのついでに、バケツ一杯のグラックスを海に投げいれる。もう、以前のグラックスはヴェスト湾とその先の海まで薄く広がってしまっているだろう。油受けが交換されたモーターは状態がよさそうだ。エンジンを全開にして湾を出発すると、ヒューゴの心配そうな顔が安堵の表情に変わる。

スクローヴァ灯台を過ぎ、フレサ島まできたとき、目の前に現れたものがある。それが何であるかは間違えようがない。この泳ぐ速度も、楕円の白い斑点も、ほかの生き物にはないものだ。われわれは殺し屋のクジラ、シャチの群れのなかにいる。前のほうでは数頭が元気よく空中に飛びあがっては、海面に体を打ちつける。ふいに、ボートの横に幼いシャチが寄りそう。海面から顔を覗かせ、問いかけるように片目でこちらを見ている。ボートと同じくらいの大きさの子供に、その二倍ほどの二頭の大人が何か伝えようとする。シャチの肌は分厚い黒のビニールのようで、ＲＩＢによく似ている。子供のシャチはボートを見て生き物だと思い、一緒に遊ぼうとしたのかもしれない。大人たちは子供を東のヴェスト湾に向かう集団に呼びもどす。

シャチは、浴槽の湯のなかに押しこめられていたプラスティックの玩具のように海面に飛びあがる。それからまた海に飛びこみ、全速力で泳いでいく。約束の場所へ行くまえに、少し寄り道をして遊ぶ時間はある、といったように。動物にこれほど感銘を受けたのははじめてだ。かつてアフリカのジャングルで、似たような経験をしたことはあった。チンパンジーの群れが木から木へと飛び移り、枝を折って金切り声で忙しなく言葉を交わしあいながら、わたしの乗った車の屋根の上にやってきた。そしてあっけにとられているわれわれをよそに去っていった。まるで高校の卒業式で羽目をはずして騒いでいる若者たちのようだった。それと比べると、シャチはイタリアのスポーツカーのようで、生き生きとし、まるで海を我が物としているように思える。

五、六頭のシャチが同時に現れ、ボートを囲む。かなり近くに寄ってきたものもいる。集団はテュスフィヨールのほうを向いている。昔からシャチが集まっていた場所だ。九〇〇〇年前の石器時代に、テュスフィヨールに住んでいた人々は岩に実物大のシャチをかたどった彫刻を残している。シャチは数千年のあいだテュスフィヨールのニシンを食べてきたのだが、この数十年、ニシンは減っている。

シャチの背びれは人間の指紋のように一頭ずつ異なっている。オスのほうが大きく、二メートル近い背びれが体から鋭角に突きでている。メスのものはもっと細い。その先端は、葛飾北斎が描いた波のような形をしている。シャチは海でもっとも泳ぐのが速い動物の一種だ。対抗できるのは、バショウカジキやメカジキ、そしてイルカの仲間に含まれる小型のクジラくらいしかいない。だがシャチはそれらよりはるかに大きく、強い。

一五分ほど群れについていくと、おそらくはメスのリーダーが、遊びはもうおしまいだとみなに伝える。するとすべてのシャチが一斉に海中に潜り、いなくなる。ヒューゴはモーターを止め、もとの方向へもどる。スクローヴァ灯台から数海里北東の地点まできていた。

ヒューゴがヴェスト湾でシャチを見たのは二〇〇二年以来のことで、喜びで顔がほころんでいる。かつて、動物になるとしたらシャチがいいと言っていたこともある。好きな動物は、ワシとシャチだ。わたしはその話を思いださせ、ニシンとサバばかり食べていたら飽きるだろうと言う。ヒューゴは笑い、わたしの好きな動物を訊く。いちばんいいものはもう取られてしまっていたので、何も答えない。

ボートの上で、波に揺られながら話す。ヴェスト湾の内と外へ向かう海流がぶつかりあい、どうにか折りあおうとして、砕け波や渦巻きを生みだす。

ヒューゴが、恥ずかしい秘密を打ち明けるように、ある話をする。一九七〇年代のスタイゲンでは、血気盛んな若者たちはショットガンでシャチを撃っていた。しかもそれを鼻にかけていたんだ、とヒューゴは嘲るように言う。馬鹿げたことに、当時はニシンが減ってしまった原因はシャチにあると考えられていたのだ。われわれがさっき会ったシャチのなかには、当時の人間との不可解な遭遇を覚えているものもいただろう。彼らも、人間のように知性と記憶を持っている。マッコウクジラはこれまでに地球に存在したどの動物よりも脳が大きいが、シャチは海の哺乳類のなかでそれについで大きな脳を持っている。重さは七キロだ。それによって若い個体に狩りのしかたを教え、またそれぞれの群れが何世代にもわたって習慣を伝えていく。一族だけに通じる方言もあり、音や周波数の違いによって仲間を見分け、敵対する集団を遠ざけることができる。

シャチと人間はライフサイクルが似ている。メスは一五歳ほどで繁殖ができるようになり、四十代くらいまでに五、六頭の子供を産む。そして八〇歳近くまで生きる。

「シャチの名前の由来を知っているかい」と、ヒューゴが訊く（シャチはノルウェー語では〝スペックホッゲル〟つまり、〝脂肪を切り落とすもの〟と呼ばれる）。「シャチは体重二〇〇トンにもなる世界最大の生物シロナガスクジラを攻撃することもある。まず二頭がクジラのひれを歯でくわえる。三頭目が顎の下の柔らかい部分を嚙む。それから群れの残りがクジラの脂肪を嚙みちぎっていく」。ホホジロザメですらシャチには敵わない。

シャチは狡猾《こうかつ》な手段を使い、群れで狩りをする。ニシンの群れの下で大きな気泡をつくったり、海中で垂直に並んで、尾びれで強い海流を生みだすことで、ニシンを混乱させ、無防備にさせる。また協力して大波をつくり、アザラシを浮氷から落とす姿が映像に残されている。

ヒューゴはシャチの歯を一組持っている。手に取ると、放すのが惜しくなるような代物だ。つぶ貝のように滑らかで、握った手にその重みがしっくりとくる。ヒューゴによれば、シャチがニシンの群れを狙うと、数千のニシンの頭が海に残されるという。剃刀の刃を使ったような切り口なのだが、どのように切断したのかはわかっていない。

大人のシャチに天敵はいない。しかしヒューゴが本で読んだところでは、ゴンドウクジラに対しては警戒心を持っている。

「ゴンドウクジラは、シャチとマッコウクジラの子供を追いかける。雄のゴンドウクジラの群れが入ってきたら、シャチはフィヨルドを離れる」

ヌールラン県の一部の地方では、シャチは〝スタウルクヴァル〟つまり「杭《くい》クジラ」と呼ばれている。巨大な背びれが杭のように見えるためだ。たぶん、猛スピードで泳ぐ姿を正面から見たのだろう。小さいボートに乗っていてシャチの背びれを見つけたら、何かにしっかりつかまったほうがいい。ボートを沈めることもあるからだ。二、三年前、スクローヴァ沖でシャチが一八フィートのボートを激しく攻撃したことがある、とヒューゴが言う。それは、いまわれわれがいるのとほぼ同じ場所だった。

そんなことをする理由はなんなのだろう。ヒューゴは、ストレスと困難な状況がシャチを攻撃へと向かわせるのだと考えている。たとえば、アメリカのシーワールドの囲いのなかで飼われているシャチが人を恨んで攻撃しても、誰にも咎《とが》められないだろう。そうヒューゴは言う。広い海で自由に泳いでいるところを攫《さら》われて、巨大プールに入れられたんだから。そのときから、入場料を払った観客の前で、騒々しいポップミュージックが響くタイル張りの壁に囲まれて曲芸をやってみせるように仕込まれる。トレーナーという名の牢獄の看守の言うとおりにすれば、報酬としてバケツ一杯のニシンが与えられる。夜はほとんど動く余地もない狭い場所にボートのように押しこめられ、体が乾いてしまわないように背中から水を浴びせられる。背びれはもうピンと立たず、萎《しお》れた植物のようにしなびている。こんな拷問を受けている知的な生物が殺意を抱き、実際に何度もそれを実行に移したとしても、謎でもなんでもない。

二〇一一年に、動物保護団体がクジラの権利を主張してサンディエゴのシーワールドを訴えたが、法廷はそれを棄却した。だが二〇一四年には、アルゼンチンの動物園にいるオランウータンがいくらかましな状況を手に入れた。法廷は、二八歳のオランウータン、サンドラが物なのか人なのかという、今後の処遇にも関わる問題の判断を迫られた。オランウータンは、動物ではないとすると、法律の解釈や訴訟での扱いも大きく変わってくる。サンドラは明らかに物ではない。しかし人間でもない。アルゼンチンのラ・ナシオン紙によると、法廷は、〝彼女〟あるいは〝それ〟は、「人間ではない人」とみなされるべきだと判断した。彼女は人間ではないものの、知性や感情を持っている。法廷は、もし生活条件が改善されれば、彼女は明らかに幸せになるだろう、とした。つまり、オランウータンに基本的人権が認められたことになる。

シャチとの遭遇は間違いなくわれわれの士気を高め、ヴェスト湾にはすばらしい冒険と幻想が待っているように思えてくる。太陽はすでにロフォーテン・ウォールのかなたに落ちている。空にはラベンダー色の光が現れ、底はエメラルドグリーンに染まっている。海水で濡れた新月がスクローヴァとリレモーラのあいだを昇る。

この光景に何かを感じたのか、ヒューゴはバルセロナでの経験を話しはじめる。子供たちが用意したサプライズで、熱気球に乗ったときのことだ。

「ゆっくりと街の上へ昇っていった。まだ朝早かったが、街は目を覚まし、いろいろな音も聞こえてきた。はじめは話し声とか、窓から漏れてくる音楽とか。それが遠ざかると、今度は車や通り、機械の音、サイレン、鳥の歌声といったさまざまな音。もっと高く昇っていくと、そうした音も聞こえなくなってくる。雲の上に出たときには、ひとつの音だけが残った。雲の上から街を見下ろし、静けさのなか、風だけが吹いているとき、最後に聞こえた音がなんだったか、わかるかい？」

わたしは少し考え、首を横に振る。

「犬の鳴き声だ。ただし、わめいたりうなったりする声じゃない。離れたところにいる犬どうしが何かを伝えあう遠吠えだった」

わたしたちはあやうく、フレサ島の沖でグラックスのバケツを空けるのを忘れるところだった。スクローヴァ灯台と、フレサ島の上の標石、ヘルダルシセン氷河のスタイグベルゲットの三点を使い、三角測量で位置を確かめるだけの明るさはまだあった。スタイグベルゲットには雪が降っているが、まだ山の姿が見える。あまり正確ではないが、明日釣りをする位置を確認するには充分だ。

39

では、知恵はどこに見いだされるのか
分別はどこにあるのか。
(中略)
それは命あるものの地には見いだされない。
深い淵は言う
「わたしの中にはない」
海も言う
「わたしのところにもない」[27]

海からくるのは長いうねりだけだ。曇っているが、はるか西まで、見渡すかぎり雲は高く、動かない。波は長く、重い。小さな丸い雲が、磨かれた鉄のように輝いている。スクローヴァ灯台に近い堆の上でニシオンデンザメを釣るには最高の一日だ。

餌には、タラのパーティのときの余りで、外で腐らせておいたクジラの肉を使う。大きな肉の塊を針につけて船外に放りだす。鎖がするすると海底まで降りていき、日本製の新品のリールが歌う。今回は竿とリールを使うから、ずっと簡単に釣りあげられるだろう。

ヒューゴはサスペンダーつきの特別なベストを着ている。臍のあたりに分厚いプラスティック製の板があり、そこに釣り竿をはめる穴がある。これで、必要な場合には全身を使ってサメを引きあげることができる。装備はヒューゴの腰から、ほぼ真上に数メートルの長さがある。

リールと竿を固定している留め金も強力だ。もし竿が船外まで引っ張られたら、釣り師も一緒に海に落ちてしまう。われわれは同時にそのことに思い至り、ヒューゴは一九八〇年に起きた出来事を語りはじめる。それはある美しい春の日のことで、ヒューゴたち家族は巨大な釣り船で海に出ていた。ヒューゴはこぎ舟で小島へ行き、カモメの卵を集めようとした。上陸できる場所は狭い湾だけだった。そこにはいつも強い海流が流れこみ、船は浜に打ちあげられる。湾を出るときにはその海流に逆らうことになるため、慎重に経路を計算する必要があった。

ヒューゴはカモメの卵を集め、こぎ舟にもどった。ところが引き波を読みちがえ、船は転覆してしまった。海に落ちる寸前、「ひっくり返ったぞ!」という兄の声が聞こえた。ヒューゴは引き波に引きずりこまれ、ぬいぐるみの人形のように海のなかで回転した。海底まで達し、衝突に備えて両手を体の前に伸ばすと、岩に張りついたフジツボで手が切れた。ぶつかったあと、すぐにロケットのように海のなかを上昇した。ヒューゴはどうにかこぎ舟につかまった。バケツから飛びだした卵は、ひとつも割れずに海に浮かんでいた。家族の待つ釣り船にもどると、顔が血だらけだったのでみなひどい怪我をしたのだと思ったが、それは怪我をした手で目に入った髪をかきあげただけだった。

「それで終わりじゃない」ヒューゴはべつの話に移ろうとして、ふいに口を閉じる。何かが針にしっかりと食いついている。その可能性はひとつしかない。RIBが強い海流に逆らって引っ張られる。数百キロ、あるいは一トンほどの魚でないと、そんなことはできない。ヒューゴは体を反らせ、かかとを浮き輪に食いこませてその力に耐え、海に落ちないようにしている。

せめて何かサメの一種を捕まえられるだろうか。それくらい望んだっていいはずだ。これがニシオンデンザメの近くでは、ニシオンデンザメだとはかぎらない、とわたしは思う。最近、ヴェステローデン諸島のエッガカンテンでは、未知のサメが引きあげられていた。ノルウェー海洋研究所が調査したが、サメの種類は特定できなかった。それでもなぜか、ニシオンデンザメにちがいないという確信がある。ヒューゴはついに獲物と対峙《たいじ》している。ニシオンデンザメとのあいだには釣り糸しかなく、その端と端に互いがいる。

「ナイフはどこだ?」と、ヒューゴが訊く。サメはスタイゲンの方角へボートを引いていく。ニシオンデンザメがさらに速度を上げ、ヒューゴがボートから飛びだしてしまったら、ナイフを使わなくてはならない。だが数分経つと速度は落ち、ヒューゴはリールを低いギアに入れてすばやく釣り糸を巻く。サメは間を置いて一、二分つづけて糸を引く。そのあいだはひたすら耐えるだけだ。

ヒューゴのいるボートの後方へ動こうとすると、ちょうどサメが海のなかで跳ねて舳先が上を向いたので、あわててもどってバランスをとらなくてはならなかった。その後、ニシオンデンザメはふたたび落ち着き、ヒューゴがまた糸を巻く。サメはしだいに浮いてきている。まだ針がはずれていないということは、しっかり食いこんでいるのだろう。

突然サメが逃がれようともがき、かなりの糸を引く。リールを見ていると、止まったときにはあと数メートルの余裕しかない。サメを引きつづけるのはむずかしいはずだが、ヒューゴはうまく状況に対応している。ときどきどちらかが声を上げるだけで、言葉は交わさない。話すことは何もない。この方法の短所はふたりともわかっている。釣り糸を手で引いているのであれば、それを浮き袋につないでサメを泳がせることができる。ところが竿では、その方法は使えない。ニシオンデンザメがボートの近くに浮かびあがってきたとき、できることは……わたしはヒューゴを見て、ともかく何が起きてもどうにかするほかないと覚悟を決める。まずい状況になったら、釣り糸を切断しよう。

三〇分後、釣り糸はもうあまり動かない。サメが姿を現すのもまもなくだ。そのとき、海面のすぐ下で、ニシオンデンザメが体を回転させはじめる。鎖の部分はサメの体を二周ほど巻くだけの長さしかなく、やがて糸の部分に達すると、あっという間に切れる。

海は動いている。わたしはその巨大な灰色の背中が、海底へと消えていくさまを想像する。顎には釣り針をつけ、そこから六メートルの鎖を垂らしている。このニシオンデンザメは、われわれと遭遇したことで、もうこれまでどおりの生き方はできないだろう。

あたりは静まりかえっている。どこか遠くでスクローヴァ灯台の光線が煌《きら》めく。頭の黒いカモメが数羽、ボートのまわりに集まってくる。だが食べられるものが何もないのを見て、風と波とともに飛びさる。海はゆっくりと、倦《う》むことなくうねっている。その動きは、われわれがここにくるまえからあり、われわれがここを去ってからもずっとつづく。

謝辞

最大の感謝を、メッテ・ボルソイとヒューゴ・オーショルに。読めばおわかりいただけるだろうが、われわれの友情がなければこの本は生まれなかった。アニケン・オーショルもありがとう。また大小にかかわらず、手を差し伸べてくれた全員に。アルノル・ヨハンセン、レイフ・ホヴデン、フローデ・ピルスコグ、ビョルナル・ニコライセン、トルゲイル・シェルヴェン、インゲル・エリサベト・ハンセン、スヴェエレ・クヌードセン、アンネ・マリア・アイケセット、ホーヴァル・レム、インゲ・アルブリクツェン、ヒルデ・リンハウセン・ブロム、トーラ・フルトグレーン、クヌート・ハルヴォルセン、そしてロナルドとカリ・ニスタット＝ルソーネス（ふたりは、ボードーでの宿を提供してくれた）。そして、ここには挙げていないけれど、とてもよくしてくれたみなさんに。どうもありがとう。

熱意と言葉に対する才能を持ち、きわめて有能な編集者のカトリーネ・ナルムに感謝する。とはいえ、この本に何か間違いがあればそれはわたしの責任だ。フィアンセのカトリーネ・ストロムに。

文学に関するヒントを与え、原稿を読んでくれたほか、この計画全体をサポートしてくれた。最後に、これから生まれてくるわたしたちの子供に言葉を贈りたい。きみはわたしの北行きの旅の合間に母親の胎内に宿り、ちょうどこの本がノルウェーで出版されるころに生まれてくる。海の恵みを受けて育ってほしい。

訳者あとがき

紀元前四世紀、ギリシャの植民都市マッシリア（現在のマルセイユ）のピュテアスは船で旅に出た。地中海から大西洋に入り、ブリテン島に達してスコットランドの北端まで進むと、そこからさらに北へ向かい、未知の土地にたどり着いた。そこは夏には太陽が沈むことなく照らしているが、冬になると明けることのない夜の闇に閉ざされる。友好的だが、奇妙な風習を持った人々が暮らしている。ピュテアスが〝トゥーレ〟と呼んだその土地は、ギリシャ人やその文化を受け継いだ人々にとって、美や純粋さ、静けさといったイメージに包まれた憧れの地になった。残念なことに彼の旅行記は散逸しており、いまではのちの著述家たちに引用されたごく一部を読むことができるにすぎない。この〝トゥーレ〟が現在のどの地域を指すのかについては、さまざまな主張がなされてきたが、結論は出ていない。

未知なるものを追い求め、その姿を描きだそうとすることは、人間の深い部分に根ざした行為なのかもしれない。古くから、人間はさまざまな未知に挑み、そこで知りえたことについて語り、あるいは地図を描いてきた。だがどこまで行っても、調べることのできない部分は残る。それを埋めるのは、語り継がれてきた言い伝えであったり、完全なる空想の産物であったりした。一六世紀にスウェーデン出身の司祭、オラウス・マグヌスがつくった北欧の地図『カルタ・マリナ』には、さまざまな怪物が描かれている。たとえばノルウェー沿岸の海では、真っ赤なウミヘビがその巨大な体を巻きつけて帆船を襲っている。

その後も人間はさらに探検をつづけ、また技術を発達させることで、到達することのできる範囲をしだいに広げていった。二〇世紀に入ると、人類は北極、南極や、世界の高山の山頂をつぎつぎに制覇し、さらには宇宙空間へも進出した。しかし、人間にとって未知なるもの、行くことのできない場所がなくなることはない。地球上にも、そうした場所はまだ残っている。地球の表面は海が七割を占めているが、そのもっとも深い部分にはまだ誰も行ったことがない。そこには太陽の光も届かず、生き物たちの多くは自ら発光することで食べ物を探したり、交尾の相手を探したりしている。未知の生物種も多く、新たな種がつぎつぎに発見されている。くわしい生態がよくわからない生物も多い。この本の主人公であるニシオンデンザメもそのひとつだ。

このサメは北大西洋から北極海の冷たい海に生息している。水温が上昇すると海の奥深くへと潜っていき、少なくとも水深二二〇〇メートルまで達する。ただし、その動きはのろい。泳ぐ速度は、平均で時速一キロ、最大でも時速三キロほどにしかならない。また、成長も驚くほど遅く、子を産むことができるようになるまでに一五〇年かかり、脊椎動物ではもっとも長い、およそ四〇〇年もの時間を生きる。全長は最大で七メートル、体重は一トンにもなる。葉巻のような体の前のほうに丸い目がついているが、大人では多くの場合、ほとんど見えなくなっている。寄生虫によって角膜が少しずつ食べられてしまうためだ。

ノルウェーに住むふたりの男が、この不思議なサメを釣りあげようとした。ひとりは、作家モルテン・ストロークスネス。ノルウェー北部フィンマルクの出身で、この本の著者である。もうひとりは、彼の友人で芸術家のヒューゴ・オーショル。ロフォーテン地方で生まれ育ち、海とそこに棲む生き物たちに親しんで暮らしてきた。だがそんなヒューゴでも、ニシオンデンザメを実際に見たことはない。ただ、そのサメが銛で貫かれ、船上に引きあげられて尾から宙吊りにされても、何時間も死なず、海の男たちをじっとにらみ、震えあがらせつづけたという昔の話を父親から聞いたことがあるだけだ。

彼らはちっぽけなゴムボートで海に出る。そこから、先に六メートルの鎖をつないだ長さ三五〇メートルの頑丈な糸を垂らす。その先端につけた長さ二〇センチの針には、腐ったハイランド種の牛の死骸がくくりつけられている。サメはご馳走のにおいにおびきよせられ、餌に食いつくにちがいない……。

これはまた、この荒唐無稽な挑戦が繰りひろげられる舞台となる、海の物語でもある。人は海を愛し、追い求める。ところが海のほうは、そうした人間の営為を黙って、おそらくは無関心に見守るだけだ。それどころか、ふいに荒れて人を危険に陥れたり、気まぐれで命を奪ったりする。いつか人類がこの地球上から消えさったとしても、それを残念だとも思わないだろう。それでも海に否応なく吸いよせられていく人間への、著者のシニカルだが愛情のこもったまなざしも、本書の読みどころのひとつだ。

翻訳にあたっては英訳版である *Shark Drunk* (Jonathan Cape, 2017)を底本とし、原書 *Havboka* (Forlaget Oktober, 2015)を参考にした。ノルウェーの権威ある文学賞、ブラーゲ賞のノンフィクション部門を受賞し、世界二〇か国以上での紹介が進んでいる本書を、日本の読者にもお届けできることをうれしく思う。

岩崎　晋也

二〇一八年六月

原　注

夏

(1) 学生のころ、わたしはランボーの詩を題材にしたノルウェーの詩人ヒェル・ヘッゲルンのセミナーを聴いたことがある。「酔っぱらった船」のノルウェー語訳にあたり、フランス語原文と数多くの翻訳を参照したが、どれかひとつに依拠しているわけではない。この詩には、ロルフ・ステネルセン、クリステン・グンデラック、ヤン・エリック・ヴォルド、ホーコン・ダーレン(ニーノシュク版)によるノルウェー語訳がある。これらは、サミュエル・ベケットによるものなどを含めたほかのいくつかの訳とともに、カトリーネ・ストロム著、*Å dikte for en annen. Moment til en poetikk for lesning av gjendiktninger. Berman, Meschonnic, Rimbaud*（ベルゲン大学、比較文学学位取得論文、2005 年春）に収められている。

(2) 2003 年、生物学者の E. O. ウィルソンは 25 年以内にすべての種が記述されることに期待し、地球上の生物に関するインターネット上のエンサイクロペディアを立ち上げた（www.eol.org)。それでも、ウィルソンも認めているとおり、彼を含めて誰ひとり、どれくらいの種が存在するのかはわかっていなかった。現在、存在が確認されているのは地上と海中に 190 万種で、その多くは熱帯の昆虫だ。

(3) サメの生態と社会生活に関する情報の多くは、ジュリエット・エイルペリンの著作、*Demon Fish: Travels Through the Hidden World of Sharks* (Pantheon Books, 2011) とレナード・コンパーニョ、マルク・ダンドー、サラ・ファウラー著、*Sharks of the World* (Princeton Field Guides, Princeton University Press, 2005) による。

(4) あるいは、その儀式の奥には隠された何かがあるのだろうか。おそらく、殺すことよりも、殺したものを食べることのほうがより重要なのだろう。その場合、犠牲は集団への祝福とみなしうる。儀式は秩序と世界の階層を再創造する。それは共同体の意識を強め、確固たるものにする。人々は食べ物を共有するにとどまらず、犠牲の儀式を通じて、それを神とも共有す

ることになる。神が頂点に、人間が中間に、そして動物が下にある。しかし、エンゲル島に存在した文化では、食人が行われていたという証拠が発見されている。たとえば切断された骨の入った壺などだ。そのことが状況をより複雑にしている。

(5) この情報は、テレビクルーがクジラの死体の腐敗に関する科学的研究を追った、BBC のテレビシリーズ『Blue Planet』の DVD 第二巻「THE DEEP　太陽の光が届かぬ世界―深海への旅」による。

(6) *Fortællinger og skildringer fra Norge*(1872) に発表されたヨナス・リーの短編 “*Svend Foyn og ishavsfarten*” より。*Collected Works*, vol. 1, Gyldendalske Boghandel, 1902, p. 148.

(7) 引用は以下のインゲ・アルブリクツェンの記事より。“*Da snurperen 'Seto' forliste—et lite hyggelig 45-års minne*” (*Årbok for Steigen*, 2006.)

(8) のちにわたしはこの船に関する経緯を知り、弔辞のようなものを書いた。それは 1921 年にヴェサームンデのウンターヴェサー造船所で釣り船としてつくられたもので、所有者であるクックスハーフェンの深海漁業会社が〈セネター・シュターマー号〉と名づけた。1945 年には、ドイツ海軍により収用された。その後デンマーク・オールボーの港で破壊工作に遭い、沈没したが、同じ年のクリスマス・イブに海から引きあげられた。1947 年にはコペンハーゲンでディーゼル船として使用され、それからノルウェーのオークレーアンのゴヴェルト・グリンドホーグに 1950 年に売却され、〈セト号〉と名前が変えられた。1952 年には、ボードーの 44 海里北のグレシェレーネ、つまりスタイゲンの沖合で沈没した。そのとき、ノーマン・ヨハン・オーショル（ヒューゴの曾祖父）の息子、ヨハン・ノーマン・オーショルが海に沈んだその船を購入した。彼は自ら船を引きあげた。オーショルは船を修復し、ニシン漁船として再建した。ニシン漁のシーズンが終わると、〈セト号〉は大陸への貨物船となり、スタイゲンへ大量の酒類を載せてもどってきた。2 月 26 日、ニシン漁のシーズン中に、ルンデ島の沖で船は転覆し、沈没した。そしてこの 3 度目の沈没がこの船の最後の沈没となり、いまもその場所に沈んでいる。

http://www.skipet.no/skip/skipsforlis/1960/view?-searchterm=norske+skipsforlis+1960.

(9) 彼の祖先のゲルハルト・ショーニン（1722 ～ 1780 年）と混同しないように。

そちらのショーニンはロフォーテン出身でトロンハイム・カテドラル・スクールの教員、ソーレ・アカデミー教授、コペンハーゲンの国立公文書館の館長になった。このゲルハルト・ショーニンが書いた学術論文のために、彼がノルウェー最初の歴史家だとみなす人もいる。

(10) 漁村の所有者の出身地は名前からもわかる。多くはノルウェー南部の出身だが、当時はデンマークやドイツ、スコットランドの祖先を持つノルウェー人も多かった。たとえばウォルナム、ディブフェスト、ザール、ラシュ、ドライヤー、ブリックス、ローレンツ、ファルク、ボーデヴィック、ダース、キールといった名前を持つ人々だ。彼らは自らをヨーロッパの上流階級とみなし、大陸へ頻繁に買い物に出かけては、大量のボルドーワインやシャンデリア、グランドピアノ、絨毯、織物などを購入した。生まれつきの特権を持ち、平民の漁場や債務の上限、あるいはどの奴隷の娘を寝床へ連れこむかを決めることができた。そのなかには少数ながら、領民を庇護した情け深い領主もいたが、有名な『ノールランのらっぱ（*Nordlands trompet*）』などの作品の著者である教区牧師のペッター・ダス（1647～1707年）はそうした領主のひとりではなかった。

(11) Christian Krohg, "*Reiseerindringer og folkelivsbilder*," in *Kampen for tilværelsen*, Gyldendal, 1952, p. 306.

(12) Clarie Nouvian, *The Deep: The Extraordinary Creatures of the Abyss*, University of Chicago Press, 2007, p. 18. この本は素晴らしい卓上用大型豪華本で、数百種の深海の生物の写真が掲載されている。

(13) 24歳のころには、ミハエル・サーシュはすでに科学論文を自費出版していた。*Bidrag til söedyrenes naturhistorie*, Bergen, 1829.

(14) Truls Gjefsen, *Peter Christen Asbjørnsen—Digter og folkesæl,* Andresen & Butenschøn, 2001, pp. 236–42.

(15) *Norsk biografisk leksikon*, https://nbl.snl.no/Peter_Christian_Asbjørnsen.

(16) *Norsk biografisk leksikon*, https://nbl.snl.no/Michael_Sars.

(17) 4年後、G. O. サーシュは父親と自分の科学的発見のいくつかを発表した。*On Some Remarkable Forms of Animal Life, from the Great Deeps Off the Norwegian Coast. Partly from the Posthumous Manuscripts of the Late Professor Dr. Michael Sars*, Brøgger & Christie, 1872.

(18) Jonas Collin (ed.), *Skildringer af naturvidenskaberne for alle*, Forlagsbureauet i

København, 1882.

(19) 同書。"*Havets Bund*," P. H. Carpenter, p. 1111. 著者によるノルウェー語からの英訳を邦訳。

(20) Wendy Williams, *Kraken: The Curious, Exciting, and Slightly Disturbing Science of Squid*, Abrams, 2010, p. 83. わたしはイカに関して、おもにこのウィリアムズの素晴らしい本を参照している。

(21) Tony Koslow, *The Silent Deep*, University of Chicago Press, 2007.

(22) Jonathan Gordon, *Sperm Whales*, World Life Library, 1998.

(23) Philip Hoare, *The Whale*, Harper Collins, 2010, p. 67.

(24) この部分の自然描写はトルガイル・シェルヴェンの *Harrys lille tare* (Gyldendal, 2015) を元にしている。

(25) Herman Melville, *Moby-Dick, or The Whale*, Penguin Classics, Deluxe Edition, 2009, p 200.〔邦訳『白鯨』(岩波書店) ほか〕

(26) 同書。

(27) 科学が果たした役割を含め、商業捕鯨に関する記述はD. グラハム・バーネットの本、*The Sounding of the Whale: Science and Cetaceans in the Twentieth Century* (University of Chicago Press, 2012) にくわしい。ロシア海軍のみで、1959年と1960年の2シーズンで25,000頭のザトウクジラを捕獲している。捕鯨が機械化されるまえ、すでにクジラは乱獲のため絶滅寸前に陥っていた。17世紀初頭から、オランダ、イギリス、ドイツ、デンマークの船がスヴァールバル諸島周辺で数万頭のホッキョククジラ (*Balaena mysticetus*) を捕獲し、1670年には個体数が激減してしまった。この捕鯨の試みについては、ハンブルク出身の医師、フレデリック・マルテンスによる記述が残っている。彼の本は1694年に『スピッツベルゲンおよびグリーンランド航海記 (*A Voyage into Spitsbergen and Greenland*)』という題の匿名の英訳が出版されたことで有名になった。体重が80トンにもなるホッキョククジラはセミクジラ (right whale) 科に属する〔その名は、捕鯨をするのに"適切 (right)"であることに由来する〕。メスのホッキョククジラの気を惹くために、オスは多声で歌をうたう。その歌はかならずシーズンごとにちがう曲に変わる。

1967年まで60年以上にわたり、大西洋だけで45万頭のシロナガスクジラが捕獲された。ロシアは捕獲数を公表していないため、何頭のクジラ

を捕獲したのかは不明だ。また、多くのノルウェー人が捕鯨により財をなした。

(28) 1920年、デンマーク人の医師アーゲ・クララップ・ニールセンはノルウェーからデセプション湾へ捕鯨船に乗って航海した。その模様は *En hvalfangerfærd* (Gyldendal, 1921) という本に記述されている。ニールセンは、デセプション湾の悪臭に比べれば、第一次世界大戦中にドイツが使用した毒ガスなど"お遊び"にすぎないと書いている。

(29) *New Scientist*, December 10, 2004, http://www.newscientist.com/article/dn6764.

(30) George Orwell, "Inside the Whale," in *Essays*, Penguin, 2000, p. 127.

(31) 2013年にノルウェーのテレビ局で放映されたドキュメンタリー"*Lars Hertervig. Lysets vanvidd*"より。

(32) ハルディス・モレン・ヴェースオースの詩「Bølgje」より。

(33) ランボー「酔っぱらった船」より。

(34) Fridtjof Nansen, *Blant sel og bjørn*, Jacob Dybwads Forlag, 1924, pp. 238–39.

(35) Levy Carlson, *Håkjerringa og håkjerringfisket, Fiskeridirektoratets skrifter*, vol. 4, no. 1, John Griegs Boktrykkeri, 1958.

(36) Erik Pontoppidan, *Norges naturhistorie*, Copenhagen, 1753 (facsimile, Copenhagen, 1977). vol. 2, p. 219.

秋

(1) ギリシャの風の神アイオロスに関しては記述に混同が見られ、三つの系図が存在する。ひとつはポセイドンの子であるとするもの。『オデュッセイア』の第10歌では、アイオロスは"風の神"であり、ヒッポテスの息子とされる。アイオロスはオデュッセウスが安定した西風に乗って故郷に帰ることができるように、あらゆる風が入った袋を与える。ところがオデュッセウスの部下たちはそこに財宝が入っていると思い、袋を開けて嵐を起こしてしまう。彼らはアイオリアー島へ吹きもどされてしまうのだが、アイオロスはふたたび助けることを拒んだ。

(2) *A Voyage to the North, containing an Account of the Sea Coasts and Mines of Norway, the Danish, Swedish, and Muscovite Laplands, Borandia, Siberia, Samojedia, Zembla and Iceland; with some very curious Remarks on the Norwegians, Lap-*

landers, Russians, Poles, Circassians, Cossacks and other Nations. Extracted from the Journal of a Gentleman employed by the North-Sea Company at Copenhagen; and from the Memoir of a French Gentleman, who, after serving many years in the Armies of Russia, was at last banished into Siberia. (First published ca. 1677.) In *John Harris Collection of Voyages and Travel*, vol. II. Navigantium atque Itinerantium Bibliotheca (London), 1744.

(3) この情報は、アルネ・リー・クリステンセンの本、*Det norske landskapet*（Pax, 2002, p75）より。

(4) 地球上のすべての水が宇宙からきたわけではない。それがわかるのは、隕石に含まれる水とその他の水のわずかな違いのためだ。隕石はより重い水素の同位体を含んでいる。地球の水のうち、地球に衝突した彗星などの物体に由来するものは半分ほどかもしれない。それ以外はおそらく、この惑星を形成した物質にはじめから含まれていたのだろう。つまり、地球上の水のうちかなりは、45億年以上の古さだということだ。

(5) Robert Kunzig, *Mapping the Deep*, ch. 1, "Space and the Ocean." Sort of Books, 2000.

(6) 宇宙にはおよそ5兆の銀河があり、そのそれぞれが数億から数十億の恒星を持っていると推定されている。2013年にオークランド大学の天文学者は新しい方法を使い、"地球に似た"惑星の数は、以前には170億個と考えられていたが、実際にはそれよりもはるかに多いことを突きとめた。新たな推測では、その数は5倍以上の1000億個とされる。

(7) NASAと計画に協力した科学者のチームは、ケプラー宇宙望遠鏡から届くデータを4年以上にわたり分析した。彼らは生物が生存できる程度の距離で恒星のまわりを回る惑星を探した。これまでのところ、もっとも地球に似ている惑星は、われわれの太陽系から1400光年離れたはくちょう座に存在し、ケプラー452bと名づけられている。

(8) この時期のノルウェーの灯台の歴史に関して、モルク家の果たした役割も含め、もっとも詳細に記述されているのはヨースタイン・ネルボヴィクの*Holmgang med havet*（1838–1914, Volda Kommune, 1997）だ。

(9) *Ny illustreret tidende*, Kristiania, June 26, 1881, no. 26, pp. 1–2.

(10) Christoph Ransmayr, *The Terrors of Ice and Darkness*, translated from the German by John E. Woods, Grove Press, 1991, pp. 113–14.〔邦訳『氷と闇の恐怖』

（中央公論社）〕

(11) Gunnar Isachsen, "*Fra Ishavet*," *Særtryk av det norske geografiske selskabs årbok 1916–1919*, p. 198.

(12) Jostein Nerbøvik, *Holmgang med havet*, p. 312.

(13) http://da2.uib.no/cgi-win/WebBok.exe?slag=lesbok&boktid+=ttlo4. ダラネ灯台博物館のフローデ・ピルスコグはウィーグがスクローヴァ灯台の設計者であるとしている。彼はわたしに、ウィーグの署名がある草稿のコピーを送ってくれた。

(14) アレクサンダー・ヒェランの1880年初版の小説、*Garman & Worse* より。

(15) Bjørn Tore Pedersen, *Lofotfisket*, Pax, 2013, p. 109.

(16) ラテン語で書かれた原作（*Historia om de nordiske folken*, Michaelisgillet & Gidlunds Förlag, 2010）の、ストロークスネスによるノルウェー語訳からの英訳より邦訳。

(17) この話の資料はウェールズ出身の聖職者ジェラルド・オブ・ウェルス（1146～1223年）。おそらく彼は小さなガチョウのような鳥がアイルランドの海岸沿いに生えている木の果実から孵るのを見たのだろう。

(18) アクティウムの海戦中、エケネイス（コバンザメ）はマルクス・アントニウス方の艦船にとりついたとされている。のちに皇帝アウグストゥスとなるオクタヴィアヌスはそのために迅速に攻撃することが可能になった。別の例では、この魚は400人の漕ぎ手が乗った船を動かなくさせた。また、この"船を縛るもの"を食べると命に関わるという。Olaus Magnus, book 21, ch. 32.

(19) 同書。book 21, ch. 41.

(20) 同書。book 21, ch. 5, pp. 987–88.

(21) 同書。book 21, ch. 35.

(22) 漁師たちがオラウス・マグヌスに語って聞かせたノルウェーの巨大なウミヘビ、あるいは竜は、ミズガルズの大蛇に触発されたものかもしれない。北欧神話によると、オーディンはミズガルズの大蛇をエーギルのすみかであるアースガルズの外へ追いだした。海の底で蛇は巨大に成長し、ついにはすべての大地を囲むほどになった。それはギリシャ神話におけるオケアノスの役割と同じだった。トールは一度、釣りをしていてミズガルズの大蛇を針にかけたことがある。また、『古エッダ』によると、ラグナロクが

起きたとき、誰ひとり生きて帰る者のない、巨人たちの戦争でもトールとミズガルズの大蛇は戦う。

(23) エーリク・ポントピダン『ノルウェー博物誌』の正式なタイトルは以下の通り。*Det første forsøg paa Norges naturlige historie, forestillende dette kongerigets luft, grund, fjelde, vande, vækster, metaller, mineraler, steen-arter, dyr, fugle, fiske, og omsider indbyggernes naturel, samt sædvaner og levemaade. Oplyst med kobberstykker. Den vise og almæktige skaber til ære, såvel som hans fornuftige creature til videre eftertankes anledning.* Vol. II, Copenhagen, 1753 (Facsimile edition, Copenhagen, 1977), pp. 318–40.

(24) 同書。p. 343.

(25) 13 世紀中頃に書かれた著者不明の *Kongespeilet* は、おそらく中世期ノルウェーのもっとも重要な作品と考えられている。この本のなかで、父親は息子に世界に存在するあらゆるものを教える。グリーンランド沖の海には、男女の人魚が存在すると父は言う。「そうした怪物《トロール》が目撃されると、人々は海に嵐がくると信じた……もし怪物が船に向かってきて海に飛びこんだら、人々は（嵐になることを）さらに確信した。だが怪物が船から遠ざかり、別の方向へ飛びこんだら、たとえ大波やひどい嵐に遭っても乗組員は傷つくことはないと考えられた」。*De norske bokklubbene*, 2000, pp. 52–53.

(26) Pontoppidan, *Det første forsøg*, vol. 2, p. 317.

(27) Bjørn Tore Pedersen, *Lofotfisket*, pp. 109–10.

(28) A. C. Oudemans, *The Great Sea-Serpent. An Historical and Critical Treatise*, Leiden/London, 1892.

(29) Olaus Magnus, *Historia om de nordiske folken*, book 21, ch. 34.

(30) 異なる印をつけ、ひとつにカニを隠した五つの箱をイカに選ばせると、イカは素早くどの印がカニを意味するのかを覚える。その後カニをべつの箱に移すと、イカはカニの印が変わったことに気づく。*Wendy Williams, Kraken*, pp. 154–58.

冬

(1) Scott Stinson, "Skipper Uses Knife to Kill 600-Kilo Shark," *National Post*, November 2, 2003.

(2) Einar Berggrav, *Spenningens land*, Aschehoug, 1937, pp. 36–37.

(3) Mark Kurlansky, *Cod: A Biography of the Fish That Changed the World*, Penguin, 1997, pp. 50–51.

(4) Richard Ellis, *The Great Sperm Whale: A Natural History of the Ocean's Most Magnificent and Mysterious Creature*, University Press of Kansas, 2011, pp. 123–25.

(5) ロシアの漁師は、ロシア北西部の沖合での弾性波が、1970年代から1980年代にタラ漁場を破壊したと考えている。ノルウェー沿岸の漁師は自分たちの漁場に弾性波探査を行う船が入ってくるのを防ごうとしたが、ノルウェー沿岸警備隊は漁船を取り囲み、そのエリアの外へ追いだした。弾性波探査の資金を提供していた石油会社が、軍隊、つまり沿岸警備隊を使って漁師たちの意思表明を封じたのだ。しかもそれは、政府によって当面石油掘削を行わないと決定されたエリアでのことだった。

(6) Frank A. Jenssen, *Torsk: Fisken som skapte Norge*, Kagge Forlag, 2012, pp. 52–53.

(7) Philip Hoare, *The Whale*, p. 34.

(8) スクローヴァの歌はふたつある。ひとつは“Skrova-sangen”という題で、1950年ごろウィルヘルム・“ウィリー”・ペデルセンによって書かれたものだ。それがおそらく公式なスクローヴァの歌とみなされるべきだろう。もうひとつは“Se Skrova-fyret blinker”という題で、1949年にハーレイフ・ペデル・リスボルによって書かれた。その曲がはじめて歌われたのは青年の家でのことだった。

(9) Olaus Magnus, *Historia om de nordiske folken*, book 21, ch. 2, p. 984.

(10) Johan Hjort, *Fiskeri og hvalfangst i det nordlige Norge*, John Griegs Forlag, 1902, p. 68.

(11) ヨハン・ヨルトはのちに、当時最大のクジラ研究者で、〈HMSチャレンジャー号〉で世界最初の記念すべき海洋探検にも参加したジョン・マレーと共同研究を行った。〈チャレンジャー号〉は1872年にポーツマスを出航し、世界中の海を4年間航海した。その航海中に、優に4000種を超える新しい種を発見した。1910年に、ヨルトとマレーはともに蒸気船〈ミハエル・サーシュ号〉での探検に参加した。それは北大西洋からアフリカ沿岸までの航海だった。ヨルトとマレーは100種以上の深海の生物を発見した。彼らはまた、魚などの深海の生物が化学物質や細菌を使って

生物発光を行うことを発見した。彼らはその発見を *The Depths of the Ocean* (1912) で記述した。その本はノルウェー語版も同時に発表された。Sir John Murray and Dr. Johan Hjort, *Atlanterhavet. Fra overflaten til havdypets mørke. Efter undersøkelser med dampskipet "Michael Sars,"* Aschehoug, 1912.

春

(1) 海洋生物学者のダグ・L. アクスネスはこの現象を研究し、「富栄養化をもたらす沿岸の海水の暗化について」というプロジェクトを推進している。その一般向けの内容のものがノルウェーの雑誌に掲載されている。*Naturen* : Dag L. Aksnes, "*Mørkere kystvann?*," no. 3, 2015, pp. 125–32.

(2) Per Robert Flood, *Livet i dypets skjulte univers*, Skald Forlag, 2014, p. 59.

(3) http://onlinelibrary.wiley.com/doi/10.1002/2014GL062782/abstract?campaign=wlytk-41855.6211458333.

(4) Sigri Skjegstad Lockert, *Havsvelget i nord. Moskstraumen gjennem årtusener*, Orkana Akademisk, 2011, p. 111.

(5) Edgar Allen Poe, "A Descent into the Maelström," in *Poetry, Tales, & Selected Essays*, The Library of America, 1996.〔邦訳『ポオ全集(第2巻)』(東京創元社)などに所収〕

(6) Jules Verne, *Twenty Thousand Leagues Under the Sea*, 1869–71; Project Gutenberg, 2002, ch. 22, https://www.gutenberg.org/files/2488/2488-h/2488-h.htm.〔邦訳『海底二万里』(KADOKAWA) ほか〕

(7) Christian Lydersen and Kit M. Kovacs, "*Haiforskning på Svalbard*," in *Polarboken 2011–2012*, Norsk Polarklubb, 2012, pp. 5–14.

(8) Werner Herzog, "Minnesota Declaration: Truth and Fact in Documentary Cinema," a speech delivered at the Walker Art Center, Minneapolis, Minnesota, April 30, 1999.

(9) Donovan Hohn, *Moby-Duck: The True Story of 28,800 Bath Toys Lost at Sea*, Viking, 2011.

(10) *The Guardian*, March 8, 2013.

(11) 近ごろ、ノルウェー漁業局はヌール・トロンデラーグ県沿岸でこのような疑念の余地がある許可を与えた。Fisheries journal *Fiskaren*, June 17, 2015, p. 5.

(12) Gustav Peter Blom, *Bemærkninger paa en reise i nordlandene og igjennem Lap-*

land til Stockholm i aaret 1827., R. Hviids Forlag, 1832 (second printing), pp. 77–78.

(13) Svein Skotheim, *Keiser Wilhelm i Norge*, Spartacus, 2001, p. 168.

(14) わたしは、アッシャー司教の時代から現代までの、地球の正確な年代を確定しようとする試みについて、以下の本から多くの情報を得た。Martin J. S. Rudwick, *Earth's Deep History: How It Was Discovered and Why It Matters*, University of Chicago Press, 2014.

(15) Ivar B. Ramberg, Inge Bryhni, Arvid Nøttvedt, and Kristin Rangnes (eds.), *Landet blir til. Norges geologi*, Norsk Geologiske Forening, 2013 (second edition), pp. 89–90.

(16) Roy Jacobsen, *De usynlige*, Cappelen Damm, 2013, p. 97.

(17) http://www.lincoln.ac.uk/news/2013/05/691.asp

(18) James Joyce, *Ulysses*, Jeri Johnson, ed.,Oxford University Press, 1998, p. 37.〔邦訳『ユリシーズ』(集英社)〕

(19) "Olav Trggvasons Saga," in *Heimskringla or The Lives of the Norse Kings*, by Snorre Sturlason, edited with notes by Erling Monsen, and translated into English with the assistance of A. H. Smith, Dover, 1990, p. 167.

(20) Elizabeth Kolbert, *The Sixth Extinction. An Unnatural History*, Henry Holt, 2014.〔邦訳『6度目の大絶滅』(NHK出版)〕

(21) このテーマに関して現在までに発表されている最新の論文は以下のものだ。*Science Advances* from June 19, 2015, titled "Accelerated modern human-induced species losses: Entering the sixth mass extinction."

(22) Tim Flannery, *The Weather Makers. How Man Is Changing the Climate and What It Means for Life on Earth*, New Atlantic Press, 2005. 海が温暖化すると、海水を通じて温かさを伝える能力も破壊される。海水の主だった三つの層の温度差は広がり、海水の入れ替わりも少なくなる。温かい水が深海へと降りていかなくなり、そのため海水面での温度はさらに上昇する。5500年前には、海全体の水温が上昇し、たとえばニシオンデンザメのような、深海の冷たい水でのみ生きられる生物はほとんどが死に絶えた。

(23) Neil Shubin, *Your Inner Fish: A Journey into the 3.5-Billion-Year History of the Human Body*, Pantheon Books, 2008.〔邦訳『ヒトのなかの魚、魚のなかのヒト』(早川書房)〕

(24) Dante Alighieri, *The Divine Comedy*, song 26.〔邦訳『神曲』(河出書房新社)ほか〕

(25) *Andøyposten*, July 3, 2006.

(26) Juliet Eilperin, *Demon Fish*.

(27)『旧約聖書　ヨブ記』28章12節から14節

【著者紹介】
モルテン・ストロークスネス（Morten Strøksnes）
ノルウェーの歴史家、ジャーナリスト、写真家、作家。ルポルタージュ、エッセイ、伝記、コラムなどを、ノルウェーのほとんどの主要紙や雑誌に発表している。これまでにルポルタージュ文学の著作が4冊あるほか、さまざまな作品に携わり、高い評価を得ている。

【訳者紹介】
岩崎晋也（いわさき・しんや）
書店員などを経て翻訳家。おもな翻訳書に『アーセン・ヴェンゲル』『もうモノは売らない』（ともに東洋館出版社）、『すごいヤツほど上手にブレる』（TAC出版）、『トレイルズ』（エイアンドエフ）などがある。

海について、あるいは巨大サメを追った一年

ニシオンデンザメに魅せられて

2018年7月20日　第1刷発行

著　　者　モルテン・ストロークスネス
訳　　者　岩崎晋也
発 行 人　曽根良介
発 行 所　株式会社化学同人
〒600-8074　京都市下京区仏光寺通柳馬場西入ル
編集部　TEL:075-352-3711　FAX:075-352-0371
営業部　TEL:075-352-3373　FAX:075-351-8301
振　替　01010-7-5702
https://www.kagakudojin.co.jp　webmaster@kagakudojin.co.jp

本文 DTP　株式会社ケイエスティープロダクション
装　　丁　時岡伸行
印刷・製本　株式会社シナノパブリッシングプレス

ISBN 978-4-7598-1971-7